LA

SCIENCE EN FAMILLE

PROMENADES D'UN BOTANISTE

PAR

EUGÈNE MULLER

TOURS

ALFRED MAME ET FILS

ÉDITEURS

LA

SCIENCE EN FAMILLE

IN-12. — SÉRIE ILLUSTRÉE

L'aubépin du cimetière des Saints-Innocents. (P. 140.)

LA

SCIENCE EN FAMILLE

PROMENADES D'UN BOTANISTE

PAR

EUGÈNE MULLER

TOURS

ALFRED MAME ET FILS, ÉDITEURS

M DCCC LXXXII

COMMENT

ON DEVIENT BOTANISTE

LETTRES A UNE JEUNE FILLE

SUR L'ÉTUDE DES VÉGÉTAUX

I

Vous êtes triste, dites-vous. — Eh! comment seriez-vous gaie? Les journées vous semblent aussi longues que des ans. En saurait-il être autrement?

Partie de Paris au printemps, avec la perspective d'une charmante excursion en Italie, cette terre des merveilles artistiques, que votre père devait vous faire visiter en détail, une désastreuse mésaventure vous arrête à cent lieues du point de départ.

Voilà votre cher compagnon de route condamné à deux ou trois mois de repos absolu dans la chambre d'auberge où on l'a transporté après son accident, qui, quoique fort grave, n'est, Dieu merci! nullement dangereux. Vous voilà confinée avec lui dans une petite localité fort insignifiante, où vous ne connaissez personne, où vous ne pouvez faire aucune promenade; car il faudrait, en vous éloignant, livrer le blessé à des soins mercenaires; et, outre que vous craindriez de lui imposer par votre absence une pénible solitude, vous avez cette pieuse jalousie de vouloir être seule à le servir.

Pour toute distraction, vous lisez, vous brodez auprès de lui, et parfois, quand il vous le commande, vous allez, pour respirer un peu de grand air, faire deux ou trois fois le tour d'une petite clôture inculte attenante à l'auberge, et que, dans un plaisant accès d'humeur, vous appelez « le préau de votre prison ».

Eh bien, pour tuer le temps, comme on dit, que ne faites-vous un peu de botanique? Ce serait, j'imagine, un moyen efficace de tromper l'ennui; peut-être même votre père aurait-il sa part de... — mais je vous entends m'interrompre : « De la botanique! Y songez-vous? quand je n'ai pour tous champs à explorer qu'un carré d'une cinquantaine de pas en tous sens. »

Mais moi je vous réplique vivement : « Cinquante pas en tous sens! Eh! c'est peut-être cinquante fois plus qu'il n'en faut. »

Vous vous récriez : « Comment! une sorte de terrain vague, d'ancien jardin potager en friche, car les quelques légumes qui poussent deci et delà ont grandement l'air de s'être semés tout seuls, à travers les mauvaises herbes sous lesquelles ils étouffent. Des restants de ceps stériles se traînent au pied des murs dégradés. Pour aller à la citerne, où les crapauds grouillent dans un liquide épais et verdâtre, il faut escalader des tas de décombres tout buissonneux, etc. » (Je n'invente pas cette riante description; c'est celle que, dans votre dernière lettre, vous nous faites de votre *préau*. Ma femme a frémi en l'écoutant, et l'on obtient toute obéissance de ma fille en la menaçant de l'envoyer dans ce lieu de désolation.)

— Un terrain vague, un jardin abandonné, dites-vous, Mademoiselle : eh bien! bravo! Des légumes perdus sous les mauvaises herbes : de mieux en mieux. Des murs croulants, et, par conséquent, chargés de végétation parasite : à merveille! Une citerne non moins verdoyante, des buissons, des décombres.... Mais, ma chère enfant, figurez-vous que, — botaniquement parlant, — vous avez là quelque chose comme un petit univers sous la main.

— C'est possible, repartez-vous (car vous n'ignorez pas qu'à mes loisirs je vais *botanisant* toutes les fois que j'en trouve l'occasion, et vous me faites l'honneur de ne pas récuser sur ce point ma compétence); mais voici que vous trouvez une nouvelle objection qui vous semble bien plus irréfutable que la première : « Pour faire de la botanique pratique, au moins faudrait-il que j'eusse un maître. »

— Un maître, à quoi bon? N'y a-t-il pas des livres?

— Ah! oui, parlons-en, des livres! Il me souvient qu'à la pension, sous prétexte de nous donner des leçons de botanique, on nous faisait réciter par cœur des pages, des chapitres entiers d'un certain traité dont je n'ai jamais pu tirer le moindre profit quand je me suis trouvée en face d'une fleur quelconque.

— Savez-vous ce que cela prouve, Mademoiselle?

Qu'à la pension l'on suivait, pour faire votre prétendue éducation botanique, la vicieuse méthode qui consiste à charger la mémoire de définitions techniques, sans fournir jamais à l'élève aucun exemple d'application.

Dites-moi, que penseriez-vous de ce professeur d'équitation qui prétendrait former d'habiles écuyers sans que jamais ses élèves missent le pied dans l'étrier? De ce magister qui se targuerait de vous enseigner le correct emploi d'une langue sans vous donner jamais aucune phrase à construire ni à décomposer? De ce musicien qui s'aviserait de vouloir vous communiquer de solides qualités d'exécutant sans vous faire toucher un instrument? — Vous regarderiez ces gens-là comme insensés, et vous auriez raison. Tel est pourtant le cas de beaucoup de maîtres, comme aussi de beaucoup de livres.

Avec ces maîtres, avec ces livres, — vous le comprenez par expérience, — les progrès doivent être impossibles, ou tout au moins d'une lenteur effrayante. Mais, Dieu merci! il y a des maîtres, il y a des livres qui, partant d'un principe d'enseignement tout opposé et essentiellement rationnel, s'attachent à sauver la rebutante aridité de la pure théorie par d'immédiates excursions dans le domaine attrayant de la pratique.

C'était dans la salle d'étude, à la pension, que votre maîtresse, le fastidieux traité sous les yeux, vous entretenait du règne végétal. Mon Dieu! la brave fille faisait bien ce qu'elle pouvait. Elle vous instruisait comme on l'avait instruite. Aussi avez-vous retenu des mots, mais rien que des mots, — qui, par parenthèse, vous semblaient pour la plupart d'une repoussante barbarie.

Tout au contraire c'eût été pendant les récréations, aux heures de promenades, que, la première fleurette venue à la main, votre maîtresse eût pu vous donner les plus fructueuses leçons. C'est d'ailleurs ainsi que procède tout maître qui enseigne par la méthode nouvelle. Il prend tout d'abord une plante, la plus commune; et, après avoir assigné à chacune des parties qui la composent, à chacun des organes qui en caractérisent l'existence, les noms les moins techniques, il vous dit : « Partons de celle-ci pour faire la connaissance de toutes les autres. »

Et chaque loi théorique qu'il formulera sera basée sur l'examen de l'ensemble ou des parties d'une nouvelle plante; de sorte qu'en peu de temps les principales divisions du règne végétal seront clairement établies dans votre esprit, et que, avec quelque bonne volonté, vous arriverez à posséder bientôt assez de nomenclature pour pouvoir marcher sûrement dans cette charmante science, qui n'est pas, — comme trop de gens le croient encore, — tout entière dans la nomenclature.

D'un tel maître, n'est-ce pas? les leçons ne sauraient manquer de vous être aussi profitables que pleines d'agrément. Et cependant, je vous affirme non seulement que vous pouvez vous passer de ce maître, mais encore que, — à la condition de suivre son système, — vous ferez, en étudiant de vous-même, des progrès qui ne seront ni moins sérieux ni moins rapides. Ni moins sérieux, dis-je, car, ayant eu à résoudre par votre seule attention toutes les questions que l'examen aura fait surgir, vous les aurez forcément mieux raisonnées et mieux saisies. — Ni moins rapides, ajouté-je, car, le succès et la curiosité s'entr'aidant, vous n'aurez pas attendu le bon plaisir du maître pour pousser vos investigations au delà des limites que la durée de ses leçons leur eût nécessairement assignées.

Ainsi vous voilà bien et dûment avertie, et que vous avez à votre disposition un champ d'expériences d'une étendue plus que suffisante, et que vous pouvez, que vous devez être votre propre professeur.

Toutefois ce sont là de simples affirmations, que vous avez la gracieuse déférence de ne pas révoquer en doute, mais qui ne perdraient rien, selon vous, si quelques preuves les étayaient.

Qu'à cela ne tienne donc : évoquons les preuves.

Je viens de vous le dire, mais je ne saurais trop vous le répéter, la botanique n'est rien moins qu'une science de pure classification; c'est par excellence, au contraire, la science des poétiques observations, des merveilleuses surprises; mais sans nomenclature cependant, c'est-à-dire sans moyen d'assigner leur nom aux plantes dont on veut connaître la structure, étudier les mœurs, point de botanique possible.

Ainsi, ce qui importe avant tout, c'est que vous soyez en état de trouver par vous-même le nom que les botanistes ont assigné à la fleur que vous venez de rencontrer, et qui peut être une de celles dont l'étude, l'observation doit vous offrir un charmant intérêt. Prenez donc un des livres dus à l'un des maîtres dont nous avons parlé, cueillez une plante, la première venue, puis, la plante à la main, tâchez de répondre, en la regardant, aux questions que le livre vous adressera; et votre éducation botanique sera commencée; elle marchera à grands pas, je vous assure.

— Hé quoi! dites-vous, ce sera le livre qui me

questionnera, et non pas moi qui questionnerai le livre?

— Oui. Ne vous ai-je pas déjà déclaré que la méthode nouvelle prend tout juste le contre-pied de l'ancienne?

— Je ne comprends pas.

— Un exemple vous aidera, je pense, à comprendre. Supposez que vous n'entendiez absolument rien à la valeur des signes distinctifs qui, dans l'état militaire, servent à marquer les divers degrés de la hiérarchie. Supposez encore qu'un jour, donnant le bras à une personne qui est aveugle, mais qui est aussi entendue en ces matières que vous le seriez peu, vous arrivez sur une place où quelque régiment est rassemblé. Vous demandez à votre compagnon de vous apprendre à reconnaître le grade de tel ou tel des militaires qui sont devant vous.

Tout d'abord l'aveugle vous posera cette question : « Les épaulettes que porte l'homme que vous regardez sont-elles de laine ou de métal? »

Et, par le seul fait de votre réponse, deux grandes divisions seront clairement établies dans votre esprit, sur la désignation desquelles il vous sera désormais impossible de vous méprendre : — épaulettes de métal : officiers; — épaulettes de laine : sous-officiers ou soldats.

Puis, pour subdiviser le premier de ces deux groupes généraux, l'aveugle vous demandera si la frange de ces épaulettes est flottante ou immobile. Vous répondrez : « Immobile, » il dira : « Officiers supérieurs. — Flottante : Officiers subalternes ou secondaires. »

Puis, par une série de nouvelles questions, il subdivisera encore ces deux groupes, et ainsi de suite.

Enfin, avec quelque attention et un peu de mémoire, vous ne pourrez bientôt plus faire la moindre confusion entre un simple soldat et un chef quelconque.

Eh bien, c'est absolument de la même façon que procède le livre auquel je vous engage à recourir. Il sait, il est disposé à vous communiquer sa science; mais il se fait en quelque sorte aveugle pour vous obliger à voir. Il questionne; c'est à vous de répondre, et, vos réponses entendues, il conclut à telle ou telle dénomination. Le régiment qui est devant vous, élève botaniste, c'est la foule des plantes au milieu desquelles vous butinez. Comme les hommes du régiment, à quelque rang qu'ils appartiennent, sont, pour l'ensemble du costume, soumis à l'uniforme du corps dont ils font partie, de même la généralité des plantes vous offre un ensemble commun de dispositions. Mais des signes distinctifs les subdivisent d'abord en groupes étendus, qui vont se subdivisant, jusqu'à ce qu'on arrive à la *personnalité* de chacune.

J'imagine que vous avez saisi le mécanisme de la méthode. Les différents caractères des familles, des genres, des espèces étant soigneusement notés, les maîtres ont pu dresser des tableaux de questions contradictoires, qui doivent infailliblement conduire l'élève au but. C'est aussi simple qu'ingénieux.

Pour ma part, je n'eus jamais d'autres leçons que celles qui me furent données par des livres rédigés sur ce plan.

A la vérité, je ne suis devenu qu'un tout petit botaniste, qu'un botaniste amateur, et du rang le plus humble encore; pauvre savant qui n'aurait rien de plus pressé que de se récuser, s'il devait publiquement, et surtout inopinément, faire acte de science. Mais vous n'aspirez, je pense, à aucune chaire de faculté. Si vous donnez vos loisirs à la botanique, ce sera certainement, comme moi, pour le seul plaisir que doit vous procurer cette étude.

Mon bagage scientifique est mince, je le confesse; pourtant que de douces jouissances goûtées à l'acquérir! Jouissances qui pourraient bien même n'être dues qu'à l'isolement dans lequel je me suis trouvé pour étudier; car, remarquez-le, obligé de faire par moi seul la lumière dans mon ignorance, autant de plantes nouvelles, autant d'attrayantes conquêtes à tenter sur l'inconnu. C'est à ce point que, un maître se présentant, j'eusse, je crois, éludé ses leçons.

Pour admettre ma singulière opinion, comparez, je vous prie, l'herborisation sous les yeux d'un maître avec l'herborisation que j'appellerai *indépendante*.

Vous partez. Le maître, l'oracle est là, vers qui vous courez, dès qu'une fleur encore inconnue de vous se présente. Il vous la nomme aussitôt. Vous notez le mot qu'il a dit sur le bout de papier que vous attachez à la plante, pour ne pas la confondre avec d'autres, quand, rentrée chez vous, et après l'avoir desséchée, vous voudrez la placer dans votre herbier. Et c'est à peu près tout. Je sais bien que, la *Flore* descriptive à la main, vous devrez analyser la plante dans ses moindres détails; mais, outre que vous le négligerez souvent, cet examen, s'il vous arrive d'y procéder, risquera toujours d'être superficiel, puisqu'il ne vous est pas indispensable.

Ainsi, à quoi se seront bornées les impressions de la journée? Au plaisir d'avoir appris quelques noms de plus. Ce sera beaucoup, si vous tendez au simple honneur de devenir un collectionneur de plantes, un membre émérite de la grande tribu des collectionneurs collectionnant pour collectionner. Mais, si tel n'est pas votre but, croyez-moi, essayez de l'autre herborisation, de celle où chaque nouveau brin d'herbe que vous cueillez d'aventure est, pour ainsi dire, un nouveau mystère à pénétrer, à sonder lentement, minutieusement.

Comme ce n'est guère aux lieux mêmes où vous la rencontrez que vous pouvez analyser votre conquête, vous faites un bouquet, une gerbe, où la belle mystérieuse, où la mignonne inconnue se mêle à celles de ses sœurs qui vous sont déjà familières. Et tout en marchant, tout en poursuivant votre exploration, vous portez de temps en temps les regards sur la nouvelle venue; vous lui cherchez, vous lui trouvez des analogies; elle vous étonne par quelque étrange disposition; sa physionomie a certaine originalité qui vous frappe, qui vous fait rêver. Vous vous dites que vous avez peut-être à la main tel sujet rare ou fameux; — oui, fameux, je maintiens l'épithète, car il y a, même dans notre Flore vulgaire, des plantes célèbres sous différents rapports : — la *circée*, la *verveine,* la *ciguë,* l'*ellébore,* et tant d'autres. — Quelle est-elle? Quelles sont ses vertus? A-t-elle une histoire? Quelles observations a-t-on déjà faites sur ses mœurs?... Un monde enfin de suppositions, d'inductions, qui ont pour elles tout le charme de l'incertain, de l'indéfini.

Mais j'ai parlé d'explorations, ce qui, vous semble-t-il, comporte l'idée de courses lointaines; et vous me rappelez bien vite que votre domaine est des plus circonscrits. Je ne l'ai point oublié.

Écoutez ce que J.-J. Rousseau disait lorsque, devenu vieux, sans force pour courir la campagne, et privé de guide, de jardin, de livres, d'herbier, il formait le projet de reprendre ces études botaniques auxquelles il avait dû autrefois tant d'heures délicieuses :

« En attendant que je puisse mettre dans mon riche herbier toutes les plantes de la mer et des Alpes, et les fleurs de tous les arbres des Indes, je commence toujours à bon compte par le mouron, le cerfeuil, la bourrache, le seneçon. J'herborise savamment sur la cage de mes oiseaux, et à chaque nouveau brin d'herbe que je rencontre, je me dis avec satisfaction : « Voilà toujours une plante de « plus. »

Et maintenant, petite ambitieuse, comparez le champ d'excursion du philosophe avec le vôtre, et dites si j'étais en droit de vous déclarer bien partagée. Cinquante pas en tous sens! Comme nous voilà loin de la cage des oiseaux de Jean-Jacques!

Il faut dire, à la vérité, que dans votre esprit la différence n'est sans doute pas encore très bien accentuée entre l'amateur de fleurs et le botaniste. Vous ne songez pas que, pour ce dernier, il n'est point de ces herbes que vous, — et tant d'autres, — appelez *mauvaises*. Vous ne pouvez comprendre qu'une fleur infime ou sans éclat, ou répandue à profusion, offre à ses yeux le même intérêt que la fleur rare ou somptueuse obtenue à grand renfort de dépenses ou de soins.

Mais vous le comprendrez dès les premiers pas que vous aurez faits dans la voie où je cherche à vous pousser, et d'autant mieux qu'entre autres vérités celle-ci sera bientôt manifeste pour vous, que chez les plantes, comme chez les hommes, inégalité de condition n'implique pas toujours diversité d'origine.

Si, par exemple, le *mouron,* — ce modeste mouron que vous ne manquerez pas de trouver en premier lieu, — ne vous semblait pas suffisamment digne d'attention par sa structure, vous devriez cependant le remercier de vous avoir appris quelle est celle du fastueux *œillet,* dont il n'est rien moins que le proche parent.

Mépriserez-vous l'*ortie,* la cruelle ortie qui hérisse assurément vos tas de décombres, quand vous saurez qu'elle a l'honneur de donner son nom à la famille du *chanvre,* — à qui vous devez les plus utiles, comme aussi les plus délicates pièces de votre trousseau, — et du *houblon,* qui désaltère les peuples du Nord?

Le *chiendent,* le trivial chiendent, rampe le long de vos murs en ruine : ne souriez pas en le cueillant, car vous reconnaîtrez sans peine qu'il est le frère, le propre frère de ce *froment* dont est fait le beau pain que vous mangez chaque jour; et, en même temps, le cousin de ce roseau dont le suc sert de base aux friandises que vos dents de jeune fille savent encore croquer avec une enfantine avidité.

Au bord de votre mare, voici la *renouée,* la queue-de-renard, comme nous l'appelions alors que j'étais enfant : c'est la sœur du *sarrazin,* ce blé des pauvres contrées, et de l'élégante *persicaire,* géant svelte de nos jardins. Non moins vulgaire que le chiendent, non moins modeste que le mouron, le *pissenlit* est l'hôte inévitable de votre parc. Étudiez-le, et vous connaîtrez l'ordonnance particulière de cette grande, de cette immense famille qui compte dans son sein tant de magnifiques fleurs, tant de plantes utiles, à commencer par la *reine-marguerite*, pour finir par la *chicorée*, en signalant le *dahlia*, le *soleil*, l'*immortelle*, l'*artichaut*.

Dans un coin, le *cerfeuil*, le *persil* se propagent sans culture : encore une importante agglomération avec laquelle ces pauvres abandonnés vous familiariseront : l'*angélique*, l'*anis*, la *coriandre*... Ici et là, partout, vous devez trouver le *bouton d'or*; examinez-le bien, à lui se rattachent par des liens étroits l'*ancolie*, l'*anémone*, la *nigelle*, la *clématite*, la *pivoine*.

Au front ébréché de la muraille s'est implantée sans aucun doute cette fleur, dont le nom résonne si euphoniquement dans la ronde du jeune âge : « Giroflée! girofla! » Tout en aspirant le suave parfum de la *giroflée*, remarquez bien la simple disposition de sa fleur, caractérisant la nombreuse lignée qui fournit de l'huile à nos lampes, des légumes à nos tables, des hôtes brillants à nos parterres.

Vous n'éviterez pas le *coquelicot*, frère du *pavot*, si tristement symbolique jadis, et qui pourrait l'être davantage aujourd'hui que son suc (l'opium) sert à empoisonner lentement tant de peuples orientaux.

Vous trouverez la *ronce*: cueillez sa fleur, conforme en principe à celle de tous les beaux arbres fruitiers qui défrayent vos desserts d'aujourd'hui comme vos goûters d'autrefois. Dans la région la plus aride doit s'étaler la *morelle* commune, aux fleurs ternes, aux baies noirâtres; demandez-lui le signalement de sa providentielle sœur la *pomme de terre*, et remarquez les traits qui lui sont communs avec ses terribles parentes, la *belladone* et la *jusquiame*.

Que sais-je enfin?... Explorez bien votre domaine; j'ai la certitude que presque toutes les principales familles de notre Flore spontanée y doivent avoir quelqu'un des leurs. Lorsque vous aurez minutieusement appris à reconnaître chacun des individus végétaux qui sont à votre portée, et qui représentent peut-être autant de familles, n'est-il pas certain que, si plus tard vous entreprenez de plus lointaines expéditions, quelque rencontre que vous puissiez faire, vous ne sauriez être fort embarrassée?

J'ai voulu simplement aujourd'hui vous démontrer que, — au contraire de ce que vous pouviez croire, — vous êtes en d'excellentes conditions pour aborder la charmante étude des végétaux... Si j'ai réussi à vous faire partager mon opinion, je me hâterai de choisir, parmi les livres rédigés selon la nouvelle méthode, celui qui me semblera le plus propre à vous mener aisément au but[1]. Je vous l'enverrai,

[1] Quand nous appelons *nouvelle* la méthode à l'aide de laquelle on peut étudier la botanique sans le secours d'aucun maître, nous prions qu'on n'entende pas *récente*. La première idée de cette méthode remonte, en effet, à 1710. Un botaniste allemand, qui l'ébaucha, essaya alors de l'appliquer à la classification de Tournefort. « En 1778, dit de Candolle, M. de Lamarck présenta dans la *Flore française* un autre genre de *méthode analytique*, ouvrage qui a mérité de faire époque parmi ceux qui ont préparé l'heureuse direction que l'histoire naturelle a prise de nos jours. »

L'illustre botaniste que nous venons de citer ajoute qu'il croit cette méthode, « à cause de son extrême facilité, préférable à toutes pour les commençants ». Aussi l'exemple donné par Lamarck a-t-il été suivi depuis par la plupart des auteurs qui se sont attachés à faire des traités de botanique pratiques. Il n'est même aujourd'hui que très peu de Flores locales ou générales qui ne soient accompagnées de *clefs* analytiques dressées selon le système de Lamarck.

et peut-être vous demanderai-je de me laisser m'associer à votre entreprise, — bien moins, je l'avoue, avec l'espoir de vous être utile qu'avec le désir de me reporter par nos entretiens aux heureux instants d'un poétique noviciat.

II

Mon conseil vous a paru bon à suivre. Vous m'avez demandé de vous envoyer un guide sûr pour vos excursions. A l'heure actuelle ce livre est entre vos mains depuis cinq à six jours. Il ne vous en a pas fallu autant pour vous familiariser avec les principaux termes qui forment, si je puis m'exprimer ainsi, le fond de la langue du pays où vous allez vous aventurer.

Déjà même je vous croyais en route, bien en route ; — mais vous m'apprenez que vous n'êtes pas encore partie, et cela parce que, en dépit de toutes mes rassurantes affirmations, en dépit de la simplicité de méthode, vous n'osez pas tenter toute seule l'expérience.

Vous craignez, dites-vous, qu'un échec, inévitable à votre avis, ne vous cause, dès les premiers jours, un irrémédiable découragement. Poltronne ! ne savez-vous pas que, en fait d'études, d'expériences instructives, le mot célèbre de Danton est d'une heureuse application : « De l'audace, encore « de l'audace, toujours de l'audace ! » Ce qui ne veut point dire qu'il ne faille pas aussi de la persévérance, encore de la persévérance, toujours de la persévérance.

Vous n'osez pas partir, vous ne partiriez pas de vous-même. Eh bien, soit; prenez votre livre et partons ensemble.

Nous voilà dans votre *parc*. Soyez tranquille, je n'oublierai pas qu'il est fort limité; mais n'oubliez pas, de votre côté, que je me suis engagé à vous démontrer que vous avez sous la main plus de richesses botaniques que vous ne pensez.

Pour commencer, longeons d'abord le mur qui fait face au nord, ou celui qui fait face à l'est (je pourrais presque dire celui que vous voudrez). Regardez à terre, au pied de ce mur, dans les creux qu'auront laissés soit les derniers coups de pioche, soit les empreintes de pas, aux jours pluvieux, partout enfin où séjourne un peu d'ombre ou d'humidité. Ne voyez-vous pas un semis de mignonnes étoiles blanches à dix rayons, se détachant sur un enchevêtrement de fines tiges poilues, de feuilles en cœur, d'un joli vert gai ?

— Non, dites-vous, je ne vois rien.

— Bien vrai ?

— J'ai beau ouvrir les yeux, pas plus de mignonnes étoiles blanches à dix rayons que sur la main. Et voilà comment mon prétendu cicerone se fourvoie dès son entrée en campagne. Le début promet, en vérité !

— Eh! tout doux! s'il vous plaît, belle moqueuse, attendez un peu, je vous prie. Pourriez-vous me dire l'heure qu'il est?

— Sans doute. Il est environ sept heures.

— Du matin?

— Du matin.

— Alors je ne m'étonne plus. La jolie paysanne à qui je voulais que s'adressât notre première visite n'est pas encore réveillée. Plébéienne s'il en fut, elle a, comme une duchesse, l'habitude de faire la grasse matinée; et même, si la journée ne doit pas être belle, il lui arrivera de continuer tranquillement son somme jusqu'au lendemain. Que voulez-vous ! la coquette n'entend pas risquer sa fraîche toilette aux injures du ciel. Repassez vers huit heures, et, bien entendu, s'il n'y a aucune ondée en perspective, vous la verrez se mirant, gracieuse, au soleil.

Certains savants la nomment *alsine moyenne*, d'autres *stellaire;* vulgairement, elle s'appelle *morgeline*, et, plus vulgairement encore, *mouron des oiseaux*. Pour être si commune, elle vous semble, n'est-ce pas? affecter des manières bien aristocratiques. Mais ne vous hâtez pas trop de lui reprocher sa nonchalance, car il est telles de ses compagnes qui, sans appartenir à une famille plus opulente, sont encore bien plus paresseuses. Ainsi, par exemple, le *souci des champs*, qui doit être un des hôtes de votre domaine, ne se décide à déployer son disque d'or que de neuf à dix heures; l'*ornithogale en ombelle* a reçu le sobriquet de *dame d'onze heures*, qui indique assez le tardif instant de son réveil. Ce n'est que vers cinq heures du soir que les *silènes*, dits pour cela *noctiflores*, s'ouvriront. L'*onagre bisannuelle*, — une belle fille de l'Inde qui, naturalisée dans nos champs depuis deux siècles, porte dix surnoms, tous plus bizarres les uns que les autres : *lysimaque jaune*, *mâche rouge*, *jambon de Saint-Antoine*, *herbe aux ânes*... que sais-je? — l'*onagre* ne commence que vers sept heures à verser dans l'atmosphère l'arome suave de sa corolle safranée. Plus tard encore, s'épanouissent les *volubilis*. En revanche, leur frère, le grand *liseron des haies*, s'est éveillé dès trois heures du matin; la *chicorée sauvage*, le *laiteron*, vers quatre heures. Le *pissenlit*, qui, comme le mouron, redoute la pluie, s'est ouvert à cinq heures, la *laitue* cultivée à six, la *morelle* commune à sept, etc. etc.

Vous voyez que désormais, pour peu que l'observation, la mémoire vous servissent, vous pourriez, et vous passer de baromètre et oublier impunément de remonter votre pendule, et qu'au besoin même, si elle s'arrêtait, il vous suffirait, pour la régler approximativement, de consulter ces charmants chronomètres d'or, d'argent, d'azur, de rubis, que le sublime horloger sème avec tant de profusion sous nos pas.

Vous seriez d'autant moins embarrassée que si, par hasard, l'indication ne vous venait pas du lever de vos petites amies des champs, vous pourriez observer leur coucher, qui aussi s'accomplit à heure fixe. Par exemple, si la *chicorée* était encore ouverte, vous en concluriez qu'il est moins de onze heures; si le *mouron*, moins de midi. Si vous trouviez le *souci* et l'*ornithogale* fermés, vous sauriez qu'il est plus de trois heures, etc. etc.

Plus tard, c'est-à-dire quand vous aurez quelques mois de relations suivies avec elles, les fleurs pourraient, au cas échéant, vous servir aussi de calendrier.

Prenez, par exemple, qu'il vous est arrivé ce qui arriva à la belle princesse du conte bleu : qu'une méchante fée vous a vouée à un long sommeil; que le beau prince vient vous réveiller, et qu'il a l'excellente idée, — que n'eut pas le prince du conte, — de vous emmener prendre l'air après votre longue reclusion. Arrivée au jardin, vous, botaniste, vous n'êtes pas obligée de demander à votre royal fiancé : « Cher prince, dans quelle saison sommes-nous? » Vous regardez autour de vous, et les fleurs, vos amies, préviennent votre demande; car, selon que telles ou telles sont épanouies, vous reconnaissez aussitôt le mois de l'année où vous vous trouvez.

Qui plus est, si, par hasard, au réveil, nul ne se rencontrait pour vous dire pendant combien d'années a duré votre sommeil, les végétaux pourraient vous rendre encore ce petit service chronologique. Il vous suffirait de retrouver quelque arbre qu'il vous souvînt d'avoir vu sortir de terre l'année même où vous vous seriez endormie. Vous feriez scier cet arbre, et la seule inspection de la tranche du tronc répondrait à votre question. La partie théorique de votre livre a dû vous apprendre, en effet, que chaque révolution annuelle de la sève superpose une nouvelle couche ligneuse aux couches déjà existantes; par conséquent le nombre d'années pendant lesquelles vous auriez dormi serait égal à celui des cercles concentriques que vous verriez marqués sur la coupe horizontale de l'arbre. Vous pourriez même dire, avec quelque certitude, quelles furent, pendant votre sommeil, les années pluvieuses, les hivers très rigoureux. « Des zones étroites, peu développées, dit un savant botaniste, indiquent les années trop sèches; des couches élargies et plus tendres sont le signe d'une grande activité de végétation due à de fréquentes imbibitions du sol; des cercles cariés, en partie détruits, au milieu des autres, sont le signe certain de ces hivers exceptionnels qui ont désorganisé les tissus sous l'écorce... »

Mais, là-bas, près de votre mare... — pardon, je voulais dire de votre pièce d'eau, — à cet endroit où se confondent en épais buisson, à l'ombre d'un néflier rabougri, les branchages indisciplinés d'un vieux groseillier, d'une souche d'osier, et les jets terriblement armés de la ronce, voyez ce vigoureux liseron blanc qui monte, monte en déroulant sa guirlande de feuilles sagittées; voyez, ou plutôt écoutez : ne dirait-on pas que, pour nous appeler, il carillonne en agitant au souffle matinal ses belles cloches de neige, aux bords si gracieusement rebroussés?

Celui-là, il n'est pas besoin que votre livre vous le décrive pour que vous le reconnaissiez. Maintes fois, sans doute, dans vos promenades, vous l'avez rencontré et admiré; car des fleurs de nos champs, c'est une des plus élégantes. Je vous soupçonne même, petite coquette, de l'avoir bel et bien cueilli pour essayer d'en faire une fraîche et riante couronne à votre brune chevelure.

En ce cas, il vous aura fallu dérouler avec précaution sa tige flexueuse, longue spirale qui enlaçait le rameau son soutien. Sans doute, alors, vous avez remarqué avec quelle souple agilité il exécute son opiniâtre ascension et sait trouver, en dépit des obstacles, le chemin le plus court pour aller de plus près contempler le soleil.

Mais ce que vous n'aurez certainement pas remarqué, c'est son insistance à s'enrouler toujours, toujours dans le même sens.

Peut-être vous étiez-vous figuré, quand vous l'avez vu quêtant obstinément un point d'appui, que, dès qu'il l'avait trouvé, il lui était indifférent de s'y suspendre en tournant, selon le cas, aussi bien de droite à gauche que de gauche à droite. Vous vous êtes dit que, heureux de rencontrer qui le porte, il s'accrochait à l'étourdie, comme il pouvait, à la diable en un mot, sans faire preuve de la moindre réflexion : grave erreur, Mademoiselle, grave erreur!

Bien que, Dieu merci! votre sexe, votre âge et vos goûts vous gardent étrangère aux questions politiques, vous n'êtes pas, que je pense, sans savoir que, sous tous les régimes, il est des gens qui, quoi que disent ou fassent les gouvernants, n'ont souci que de les contredire ou de prendre le contre-pied de leurs actions pour règle de conduite, tandis qu'il en est d'autres qui, au contraire, et sans plus de réflexion assurément, se hâtent toujours d'applaudir ou d'imiter les puissants. Les premiers sont vulgairement appelés opposants, les seconds satisfaits. Eh bien, figurez-vous que ces étranges individualités ne se rencontrent pas seulement parmi les humains, mais encore dans le monde des plantes.

Une des grandes lois de la mécanique universelle, c'est, vous le savez, le mouvement rotatoire des sphères. Or la terre, qui, en sa qualité de mère commune des végétaux, pourrait à bon droit, je pense, se prévaloir sur eux d'une sorte de respectable souveraineté, et qui, en sa qualité de sphère, est obligée de tourner, la terre a, elle aussi, ses opposants, qui, on n'a jamais su pourquoi, se garderaient bien de tourner dans le même sens qu'elle, et ses satisfaits, qui, sans de meilleurs motifs peut-être, ne se permettent jamais d'évoluer en sens contraire.

Le *chèvrefeuille*, le *houblon*, le *tamier*, sont au nombre des opposants. Parmi les satisfaits, je trouve les haricots et notre liseron; aussi entêtés, aussi opiniâtres les uns que les autres, car, — l'expérience en a été faite, — on les verrait plutôt mourir que se départir de leur *opinion*.

Le chèvrefeuille.

Ainsi, pendant que le chèvrefeuille, le houblon, le tamier, pour être fidèles aux traditions de famille, s'enroulent toujours de gauche à droite, il est convenu chez les liserons, comme chez les haricots, qu'on devra s'enrouler de droite à gauche; le mot d'ordre est général : jamais, par exemple, le liseron n'a manqué, ne manque, ni ne manquera à cette prescription originelle, observée aussi scrupuleusement par la modeste *vrillée* des moissons, notre vulgaire compatriote, que par le coquet *volubilis*, transfuge des savanes américaines, et par l'éblouissant *quamoclite*, enfant des rivages asiatiques.

Vous qui êtes la docilité, la condescendance filiale en personne, vous n'allez pas manquer de vous prendre instinctivement d'une sympathie toute particulière pour ces êtres qui, d'âge en âge, témoignent d'une telle déférence pour leur vieille mère. C'est fort bien de votre part; mais, croyez-moi, ne leur vouez pas votre estime tout entière, sans vous être informée si les mœurs des membres de la famille en général sont aussi recommandables que le ferait supposer ce premier détail.

Procédons, si vous le voulez, à cette petite enquête.

Coupez du même coup cette pousse d'osier qui domine votre buisson et la tige de liseron qui en a opéré l'escalade.

— C'est fait.

— Bien! maintenant, débarrassez la branche de la spirale qui l'entoure. Puis examinez-la, cette branche, avec quelque attention. Ne voyez-vous pas sur toute son étendue l'empreinte, même assez profonde, laissée par la nerveuse étreinte du compagnon dont vous venez de la séparer?

Votre livre vous ayant appris que, chez les végétaux, il y a une circulation du sang en quelque sorte analogue à celle que l'on constate chez les animaux, ne vous semble-t-il pas, en conséquence, que cette branche d'osier, pour rendre service à son voisin le liseron, a dû subir un peu, sinon tout à fait, le supplice du Laocoon? Mais ceci me remet en mémoire un souvenir à la fois doux et triste du charmant écrivain, de l'excellent homme qui avait surtout illustré son nom par un livre dont l'héroïne est une fleur...

— Cette fleur, c'est *Picciola* sans doute?

— Oui, et c'est de Saintine, du bon Saintine, que

je veux vous parler. Naturaliste passionné, comme d'ailleurs le prouvent bien des pages de ses œuvres, l'auteur de *Picciola* avait une prédilection pour les études, les observations botaniques; il savait que ce goût était aussi le mien, et quand un heureux hasard me faisait le rencontrer, je tâchais toujours d'amener l'entretien sur l'attrayant sujet qu'il excellait à traiter aussi bien de vive voix que la plume à la main.

La dernière fois qu'il me fut donné de passer quelques instants avec lui, c'était chez un ami commun, directeur d'une importante publication périodique. Celui-ci lui ayant demandé pour son journal une de ces *fantaisies* qu'il réussissait si bien, Saintine promit de lui apporter quelques jours plus tard un article auquel il avait rêvé, et qui devait être intitulé l'*Amitié des fleurs*. Mais cette promesse ne fut pas tenue; car, quelques jours plus tard, l'âme de Saintine était partie pour ce monde qu'un pressentiment semblait lui faire entrevoir lorsqu'il écrivait son dernier livre: *la Seconde vie*, — dont le *Musée des familles* a publié de remarquables fragments.

L'*Amitié des fleurs :* un riant titre, n'est-ce pas? et qui paraît annoncer tout un poétique ensemble d'innocentes, de touchantes inclinations. C'est du moins l'idée qui s'offrit à moi lorsque j'entendis Saintine le prononcer. Déjà même j'allais essayer de traduire quelques-uns des heureux tableaux qui se présentaient vaguement à mon esprit; mais le poète m'arrêta net d'un sourire.

C'était en moraliste bien plus qu'en botaniste qu'il avait envisagé son sujet, et le titre adopté par lui devait être entendu ironiquement.

« Dans nos sociétés humaines, me dit-il, l'on crie sans cesse au peu de sincérité des affections, l'on se complaît à ne voir partout qu'obligés ingrats, qu'amis intéressés; et l'on arrive à cette navrante conclusion, qu'il n'y a rien de bon à espérer de créatures qui se font ainsi un jeu du plus noble sentiment. Je veux démontrer que notre race n'est pas la seule chez qui se rencontrent ces tristes exemples; et pour rendre le rapprochement plus avantageux aux hommes, c'est parmi les êtres ordinairement entrevus sous le jour le plus poétique que je veux prendre mes termes de comparaison. Je veux faire retrouver chez les fleurs ces mêmes mauvais instincts, dissimulés sous les plus gracieux dehors, sous les plus séduisantes apparences. Comme vous avez quelque peu fréquenté ce monde-là, je n'ai qu'à vous dire les noms de certains de mes héros pour que l'esprit de mon apologue vous soit clairement indiqué. La liste en pourrait être longue, car les parasites à divers degrés sont nombreux dans le peuple végétal. Voyez le *liseron* et sa perfide cousine germaine la *cuscute;* voyez les *orobanches*, les *monotropes;* voyez le *gui*, le *lierre;* voyez les *lianes;* voyez celui-ci, voyez celle-là. »

Les coupables nommés, Saintine se prit, séance tenante, à dresser contre eux un ardent réquisitoire que je voudrais pouvoir reproduire. Mais, si vous persévérez dans vos études, vous aurez plus d'une fois l'occasion de le formuler vous-même; je vous en laisse donc le soin.

Le liseron se trouvait cité en tête de tous, non comme le plus cruel; mais vous avez en main des preuves de sa façon d'entendre le voisinage : que serait-ce donc s'il vous arrivait de rencontrer dans votre clos « sa perfide cousine germaine », comme l'appelait Saintine, cette *cuscute* qui, au premier aspect, vous semblerait la plus pure innocente du monde. « ... Menue, semblable à un fil, — dit M. Grimard dans son magnifique livre intitulé *la Plante*, — elle sort de terre faible et tremblante. — Rien qu'un appui, s'il vous plaît. — Une tige se présente. La *cuscute* ne fait d'abord que s'y enrouler légèrement; puis, de plus en plus, elle l'enlace et la serre avec ses petits anneaux de serpents. Désormais sûre de vivre, elle rompt effrontément avec les apparences. Vous la croyez semblable aux autres plantes... Erreur! Elle-même se scinde, se coupe en deux, abandonne avec impudeur ses racines terrestres, honnêtes et consciencieuses, et conséquemment superflues, renie son passé, son enfance innocente, se fait vampire, se couvre de suçoirs, s'arme de ventouses, et suce, affame, étrangle en quelques semaines le charitable ami qui lui a prêté son secours. Et lorsque, le meurtre accompli, vous la détachez de force du cadavre de sa victime, vous voyez sur l'écorce de celle-ci d'innombrables blessures ; un trou sous chaque suçoir, comme autant de morsures de sangsues. »

Je vous le répète, si vous la voyiez, cette terrible étrangleuse, vous refuseriez de croire aux forfaits dont elle se rend coupable. Elle est blanche, elle est rose, elle est mignonne; ses fleurs agglomérées sont du plus doux effet: c'est comme une boule de petites clochettes d'albâtre translucide, lavé dans une eau légèrement carminée. Souvent elle s'attaque simplement aux orties, mais le plus souvent elle envahit le lin, la luzerne, le trèfle, et, pour arrêter ses ravages, il n'y a d'autre moyen que de porter la flamme sur le champ qu'elle a choisi.

Saintine signalait aussi les *orobanches*, vrais types du parasite, gros, gras, insoucieux. Celles-là ont cependant moins d'effronterie que la cuscute; c'est dans l'ombre souterraine qu'elles agissent, c'est aux racines qu'elles s'adressent. A voir au-dessus du sol leur exubérante santé, leurs grandes fleurs bien franchement épanouies, on les prendrait vraiment pour de probes individus chez qui le calme de conscience produit ses heureux résultats habituels : mais qu'on regarde à côté d'elles, l'on est sûr de trouver quelque malheureuse plante mourant d'inanition; qu'on fouille la terre à leur pied, on aura le secret de leur embonpoint et de la maigreur de leur voisine.

Pendant que je vous écris, je viens de prendre dans mon herbier une feuille sur laquelle s'étale une de ces *orobanches* replète, dont la souche épaisse, charnue, grosse comme un doigt, est encore fixée aux racines d'un *thym*, qui a eu l'honneur de s'épuiser pour alimenter cette vorace paresseuse. C'est le géant engraissé par le myrmidon. C'est révoltant à voir : et pourtant cela se passe communément ainsi dans le poétique monde des fleurs. Saintine avait donc bien raison... Mais, qu'en pensez-vous? si nous quittions ces affligeantes questions? — Oui, allons!... ou plutôt, puisque nous sommes auprès de votre buisson, restons-y; car nous ne pouvons pas manquer de trouver aux environs quelques plantes dont vous ignorez le nom, et que votre livre va nous aider à reconnaître.

— C'est cela : cherchons.

— Mais tout en cherchant, dites-moi, ne remarquez-vous pas qu'aucune des nombreuses tiges qui s'entre-croisent pour former ce buisson ne tend à se cacher sous les autres, dans l'épaisseur des autres, mais qu'au contraire toutes se dirigent de façon soit à dominer les autres, soit à s'échapper de la foule. Regardez au plus obscur de l'inextricable enchevêtrement, vous n'y verrez que des rameaux qu'on dirait morts, tant ils sont dépouillés de feuilles; vous pourrez constater aussi que sur les branches extérieures il n'est guère de feuilles qui ne soient dirigées vers le dehors. Pourquoi cela? si votre livre ne vous l'a pas encore dit, vous n'avez qu'à le lui demander. Je veux, moi, vous dire, en attendant, comment je résolus le problème, à une époque où j'étais loin de me douter qu'il existât des livres qui s'en occupassent.

Je pouvais alors avoir sept ou huit ans. En ce temps-là, derrière la maison paternelle était un grand jardin au fond duquel, contre le mur, grimpait une belle glycine, qui, au premier printemps, se couvrait de longues grappes lilas et ombrageait un berceau rustique de son feuillage découpé. Moi, qui avais coutume de jouer sous ce berceau, d'y chercher un abri quand le soleil était trop vif, je m'étais pris d'un véritable amour pour la glycine, qui en faisait un lieu de simples délices. Savais-je le nom de la plante? non sans doute; mais il me semblait qu'elle fût à moi, comme j'étais à elle. Il me semblait que ce fût pour moi seul qu'elle portât des fleurs et des feuilles. Quand, à la fin de sa floraison, ses mille pétales éparpillés jonchaient le sol, j'amassais un à un ces pâles débris pour les emporter à la maison; puis je regardais, heureux, se déplisser les folioles de ses longs rameaux. Bref, c'était *ma* plante, mon amie du jardin.

Un jour, songez quelle dut être ma consternation, comme j'arrive au jardin pour la voir, je trouve le berceau enlevé, et ma pauvre amie traînant à terre. Des ouvriers, des maçons, étaient là creusant au pied du mur pour établir une cave, un cellier, je ne sais plus au juste. Bien qu'on leur eût recom-

La glycine.

mandé d'agir avec précaution, afin qu'elle fût ménagée, la glycine avait été coupée d'un coup de pioche maladroit. Je vis enfouir sa partie inférieure, les racines, le tronc, et jeter au bûcher ses belles branches liées en fagot. Si je pleurais, je vous le laisse à penser; mais le mal était sans remède...

Quelques jours plus tard, les ouvriers ayant fini leur besogne, il y avait à la place de mon berceau ombragé une petite construction aux murs nus. Malgré cette malheureuse transformation, c'était pourtant encore vers ce coin du jardin que je me dirigeais de préférence. Un souvenir m'y attirait. Ma plante, ma chère plante n'était plus là, mais c'était là qu'elle avait été, que je l'avais aimée et que je croyais avoir été aimé d'elle.

Il me paraissait certain qu'elle dût revenir à un moment donné. — L'enfance a de ces charmantes illusions. — Peut-être, à la vérité, pour me consoler, m'avait-on suscité cette espérance que j'avais été heureux d'accepter. Chaque soir, dans ma prière, je disais : « Mon Dieu, faites revenir ma plante. »

Enfin, au bout de deux ou trois mois, un matin, je remarquai par hasard une sorte de gros brin d'herbe blême qui se montrait au bord du soupirail donnant dans la cave. Le lendemain, le nouveau venu pointait au dehors et déjà verdissait. Le surlendemain, il s'ouvrait comme un mignon éventail redressé contre le mur. Alors je l'examinai de près, en détail, et, dans ce petit faisceau de feuilles, qui se *déchiffonnaient* au soleil, je reconnus, non sans un profond ébahissement, l'image parfaite des feuilles de ma chère glycine.

« Ma plante! c'est ma plante qui est revenue, » m'écriai-je; et, quand je l'eus longuement contemplée, j'allai partout annonçant, répétant la grande, la surprenante nouvelle.

C'était bien elle qui, en effet, était revenue; revenue, pensais-je, pour me voir, pour me donner encore des fleurs et de l'ombrage...

Mal inspiré eût été celui qui se fût alors avisé de vouloir m'expliquer autrement cette résurrection miraculeuse et contredire ma souriante conviction.

Aujourd'hui, je ne pourrais plus convertir ainsi en article de foi ma naïve erreur, car je sais, j'ai lu, j'ai vu que la tige, les feuilles de la plante sont avides de lumière. Si je pouvais m'étonner que pour venir chercher le jour à ce soupirail une pousse de glycine, enterrée vivante, eût franchi une distance de plusieurs mètres, je trouverais cet exemple d'une petite plante qui, ordinairement, ne s'élève tout au plus qu'à quelques pouces, et qui, née par hasard au fond d'une mine d'Allemagne, monta jusqu'à cent vingt pieds pour atteindre aux rayons lumineux. Je me citerais aussi à moi-même l'histoire de ce jasmin qui, dit M. Grimard, « traversa huit fois une planche trouée qui le séparait de la lumière, et qu'un observateur malicieux retournait vers l'obscurité après chaque victoire. »

Mais encore qu'en présence du phénomène mon explication d'aujourd'hui différât essentiellement de celle d'autrefois; encore que je ne dusse attribuer à la plante qu'une sorte d'instinct originel, là où je me plaisais à voir comme une manifestation de l'âme, toujours est-il que le merveilleux, le mystère serait devant moi. Ame de l'homme, instinct de la plante, ne sont-ce pas deux formes voisines que revêt le grand principe de vie pour s'affirmer à nous? et...

Mais arrêtez-moi; car me voilà dogmatisant et non plus herborisant; — herborisant? dis-je. Où vais-je prendre, je vous le demande, que nous ayons le moins du monde herborisé aujourd'hui? A la vérité, nous sommes partis ensemble dans cette intention, avec ce but en perspective. Mais but, intention, nous avons tout oublié pour faire simplement l'école buissonnière. Nous avions emporté un livre, nous ne l'avons point ouvert. C'est la faute au grand livre de la nature qui était ouvert devant nous; et ma lettre est trop longue pour être continuée. L'herborisation sera donc remise à une autre fois. Jean-Jacques a écrit ces mots dans une de ses épîtres sur la botanique : « J'ai toujours cru qu'on pouvait être un très grand botaniste sans connaître une seule plante par son nom. » Et il appelle la nomenclature « un savoir d'herboriste ». Vous voyez que Jean-Jacques serait content de nous, car nous avons *botanisé* et non pas *herborisé*. Peut-être, d'ailleurs, est-ce à dessein que j'ai manqué au programme que j'avais paru accepter. Peut-être ai-je voulu répondre d'avance au reproche que vous pourriez me faire un jour, de vous avoir lancée dans une étude aride et toute de mots.

Quelques jours se passeront avant que je vous écrive de nouveau; mettez-les audacieusement à profit pour tenter l'expérience; le succès est à ce prix. Vous ne tarderez pas à en convenir.

Ainsi donc, de l'audace, et au revoir!

III

Nous allons enfin aujourd'hui tâcher de faire pratiquement, livre en main, la connaissance théorique de quelques plantes. Laissons l'école buissonnière pour arriver à ce que j'appellerai le but matériel de nos excursions.

Puisque j'ai parlé de but, je voudrais bien que ce ne fût pas là pour vous un vain mot, une visée illusoire; je voudrais que, ayant méritoirement atteint au terme envié, vous ne fussiez pas, le lendemain, aussi peu avancée que la veille... Mais je m'exprime mal, en dépit ou plutôt à cause des périphrases. Prenons exemple, si vous le voulez bien, sur la bonne Martine de notre bon Molière, et

... Parlons tout droit comme on parle cheux nous.

Vous vous êtes mise en campagne, vous avez cueilli une plante; puis, suivant mot à mot, question à question, les indications de votre guide, comptant les étamines, les subdivisions du pistil, observant la coupe des pétales, la structure du calice, la forme, le point d'attache des feuilles, vous êtes parvenue à assigner au sujet rencontré ses noms de famille, de genre, d'espèce.

Cette conquête sur l'inconnu, il faut l'avoir tentée et réussie quelquefois pour en comprendre les charmes, — je voudrais dire les délices. Pourquoi pas?

Un brin d'herbe végétait là, perdu, ignoré, foulé aux pieds par les profanes; vous l'avez ramassé, pour ainsi dire, affectueusement; vous l'avez étudié, vous l'avez contemplé, oui, contemplé, car il est bientôt devenu pour vous un vrai monde en miniature, témoignant une fois de plus devant vous que le grand Ouvrier de l'univers n'a rien créé sans se soumettre lui-même à ces lois si sagement pondérées, si magnifiquement formulées, qui ont été la conception première de sa sublime intelligence.

Mais ce n'est pas tout. Ce brin d'herbe, vous l'avez vu, minutieusement, scrupuleusement décrit, classé par les maîtres de la science, qui, dans la multitude des créatures, n'en ont jugé aucune indigne, et qui ont fait à toutes, à la plus infime comme à la plus gigantesque, à la plus vulgaire comme à la plus rare, le même honneur d'étude, d'attention.

Et, dites-moi, n'est-ce rien pour l'être qui pense, et qui aussi rêve un peu, n'est-ce rien que cette rencontre, que cette espèce de rendez-vous fortuit, où il lui est donné de se trouver en relation intime avec ceux qui ont illustré l'étude dont il s'occupe?

En effet, cette plante que vous tenez à la main, et que vous examinez avec tout le soin qu'elle mérite, un jour, — bien éloigné déjà, — se trouva où Tournefort, Linné, Adanson, Jussieu, Candolle, qui tous l'ont décrite, en firent nécessairement aussi l'objet d'une minutieuse attention. Ils comptèrent comme vous ses organes, ils notèrent les particularités de ses formes; peut-être fut-elle de celles dont la classification les embarrassa, les fit méditer.

Vous pourriez m'objecter que ce n'est pas *personnellement* la même. J'en conviens; mais c'est une descendante, peut-être directe, de celle qu'ils examinèrent; une petite-fille de l'arrière-petite-fille; une enfant d'elle comme vous, charmante jeune fille, vous êtes l'enfant des charmantes jeunes filles de jadis; avec cette avantageuse différence toutefois, qu'entre l'aïeule et la dernière venue la ressemblance est de tous points parfaite : qui voit l'une croit voir l'autre. C'est l'éternel renouveau de la grâce et de la beauté.

N'est-ce donc rien, je vous le demande encore, que de devoir à la mignonne créature qu'on admire l'assurance que par elle on est un instant uni de réflexion, de sentiment avec tel ou tel des puissants admirateurs de la nature?

Et tenez, en passant, un aveu dont vous rirez peut-être, — mais non, vous n'en rirez pas : — Jean-

Jacques, dans ses *Promenades d'un solitaire,* où il est presque toujours question de botanique, raconte qu'un jour, « le jeudi 24 octobre 1776, » il suivit, après dîner, les boulevards jusqu'à la rue du Chemin-Vert, par laquelle il gagna les hauteurs de Ménilmontant. « Là, dit-il, prenant les sentiers à travers les vignes et les prairies... je m'arrêtais quelquefois à fixer les plantes dans la verdure. J'en

Le buplèvre.

aperçus deux que je voyais rarement autour de Paris, et que je trouvai très abondantes dans ce canton-là. L'une est la *picride hiéracioïde,* de la famille des composées, et l'autre le *buplèvre à feuilles en faux* (vulgairement oreille-de-lièvre); cette découverte me réjouit et m'amusa longtemps, et finit par celle d'une plante encore plus rare, surtout dans un pays élevé, savoir, la *céraiste aquatique...* »

Vous savez que j'habite cette même région. Aussi n'ai-je pas manqué dans mes promenades de me mettre spécialement en quête des trois plantes signalées par Jean-Jacques.

J'ai trouvé presque du premier coup la *picride;* ce n'est qu'à grand'peine que j'ai découvert le *buplèvre,* car depuis 1776 bien des haies ont disparu, le long desquelles devait se propager à plaisir ce vigoureux citoyen des terrains secs et incultes. Quant à la *céraiste,* — sans doute immigrée là par un hasard tout particulier des bords de la Marne, où elle est commune, — j'ai dû renoncer à l'espoir de la rencontrer.

Mais voilà que j'ente encore digressions sur épisodes, et que je reprends mon voyage à bâtons rompus. Revenons.

Vous avez, disais-je, assigné à une plante ses noms de famille, de genre, d'espèce. C'est une connaissance faite théoriquement et pratiquement. Mais êtes-vous sûre de la fidélité perpétuelle de votre mémoire, jusque-là de croire indélébilement imprimés en elle tous les caractères, tous les moindres détails de l'individu que vous venez d'examiner, alors surtout que tantôt, demain, après-demain, vous aurez à en examiner un grand nombre d'autres? Ne craignez-vous pas, sinon que la confusion ne se fasse bientôt, au moins que les traits des nouveaux venus ne rendent moins précis le souvenir des anciens? — Sans aucun doute.

C'est pourquoi, croyez-moi, faites-vous un herbier. Commencez-le dès votre première herborisation, et ne négligez jamais d'y placer chaque nouvelle plante rencontrée et analysée par vous.

« Que de souvenirs on puise dans l'herbier ! — dit l'abbé Chirat, auteur d'une charmante Flore du milieu de la France; — chaque fleur que le botaniste revoit est une pensée pour lui. Il se dit : « J'étais là, telle chose m'advint. » Il a vieilli comme les fleurs de son herbier, mais il leur a dû bien d'heureux moments, et il est encore si doux de vivre en se souvenant! »

Sans parler des services constants que rend à notre ingrate mémoire ce livre écrit par le bon Dieu, ce musée où nous trouvons réunis, classés, tous les sujets sur qui portèrent nos études, et où nous pouvons à volonté les revoir, les étudier encore; — que de choses du passé, que d'idées, que d'événements enfermés dans un herbier!

Savez-vous comment, pour ma part, je veux intituler le recueil de souvenirs tout privés que je compte laisser à mes enfants, non pour qu'ils le publient, — le public n'aurait que faire de ces notes de famille, — mais pour que parfois ils le feuillettent, quand ils voudront que ma pensée revive avec eux? savez-vous le titre que ce recueil portera? — *Mon herbier.* — Oui, mon herbier; car il n'est pas, je crois, un de mes morts vénérés, un de mes vivants chéris, un des incidents tristes ou heureux de mon existence, auquel l'aspect d'une des fleurs de mon herbier ne me ramène plus ou moins directement.

J'écrirai, par exemple, en haut d'une page : *Réséda;* et là mes enfants trouveront, pieusement consignés, les souvenirs de la digne, de l'excellente femme qui fut leur grand'mère.

Pourquoi sous ce titre et non sous un autre? Mon Dieu! tout simplement parce que ma mère me contait souvent un épisode de son enfance qui n'est pas, me semble-t-il, dénué de quelque poésie :

« A cette époque-là, me disait-elle, j'étais prise de ce que je pourrais appeler une passion extatique pour le parfum de réséda. Mon rêve eût été de vivre dans une atmosphère imprégnée de ce doux arome, qui avait le privilège de me causer d'indescriptibles ravissements. Mais ce n'était pas, entendons-nous bien, à l'état d'émanation concentrée que j'aimais à l'aspirer, comme dans un appartement clos, ou bien en me penchant sur un bouquet. Non; je n'eusse éprouvé ainsi qu'une très fatigante suffocation. C'était une sensation plus délicate qu'il me fallait; c'était, par exemple, de me trouver dans un jardin à quelque distance de l'endroit où végétait ma chère plante, et de sentir son parfum, en diffusion dans le grand air, m'arriver par ondées. Mais mon père n'avait point de jardin où j'eusse la liberté de savourer à loisir cette innocente et délicieuse jouissance. Voici l'expédient dont je m'avisai pour y suppléer.

« Moyennant toutes les menues piécettes qui composaient ma petite fortune d'enfant, je fis tout d'abord, en secret, chez un jardinier une provision relativement considérable de graines de réséda. Puis le premier jeudi (dans nos petites localités de province, il n'est pas rare que les enfants gagnent seuls la pleine campagne), j'allai répandre, semer çà et là, mais non pas sans quelques précautions, toutes mes graines dans les champs environnants. A l'aide d'un grand clou dont je m'étais munie, je labourais large comme deux mains de terre à l'abri d'une haie, sur la berge d'un ruisseau, dans le creux d'un rocher, au milieu d'un tertre; j'éparpillais là une pincée de mes graines, je grattais du bout des doigts pour les recouvrir, et j'allais recommencer plus loin. Je fis ainsi tout le tour de la petite ville à quelque distance des portes. Et j'attendis.

« Las! je pus d'abord croire que j'avais travaillé en pure perte, car, — ce que j'ignorais, — la graine de réséda est très longue à lever. Au bout de six semaines cependant, j'eus la joie de voir poindre quelques-uns de mes semis, que d'ailleurs j'allais visiter tous les jeudis. Un mois plus tard, quelques-uns étaient déjà forts, surtout ceux que ne frappait

Le réséda.

pas trop directement le soleil; mais d'autres languissaient faute d'humidité. Un jour je partis emportant avec moi une petite cruche, que j'emplissais aux ruisseaux, aux fontaines, et dont j'allais offrir le contenu à ceux de mes jardinets qui avaient soif. Une autre fois je consacrai ma tournée à l'expulsion des herbes envahissantes...

« Enfin quelques boutons roussâtres parurent au sommet des tiges, et, quelques semaines après, la floraison était générale. Alors mes félicités commencèrent, qui durèrent toute la belle saison. Je n'avais plus qu'à sortir de la ville n'importe de quel côté pour savoir où trouver un lieu d'ineffables délices; car, grâce au peu d'éclat de la fleur du réséda, un très petit nombre seulement de mes cultures furent remarquées et ravagées par les promeneurs, par les passants.

« Je savais par cœur chacune des stations embaumées; je les avais tant de fois visitées! J'allais d'abord m'assurer que la plantation était intacte, puis je m'asseyais dans l'herbe, à quelques pas sous le vent qui avait frôlé la touffe fleurie, et, plongée dans cette haleine suave, j'attendais venir une sorte d'ivresse qui ne tardait pas à s'emparer de moi[1].

« Rêverie, bercement de l'âme, élan de l'esprit : ce que c'était, je ne puis le redire. Toutes les idées gracieuses, douces, enchanteresses que des récits, des enseignements avaient fait naître dans ma jeune imagination prenaient corps, devenaient réalités. Où n'allait pas mon esprit alors sur l'aile de ce souffle parfumé? Paysages merveilleux, des histoires de voyageurs, régions magiques des contes bleus, paradis des croyances chrétiennes : je visitais, je hantais toutes ces sphères à la fois... Ce fut, je crois, le plus beau temps de ma vie... »

Tel est sommairement, et surtout bien froidement rapporté, l'épisode que me contait ma mère, qui retrouvait pour peindre ce souvenir le candide enthousiasme de ses premières années.

Et voilà pourquoi l'histoire de la chère absente portera pour mes enfants le titre que vous savez.

[1] Linné, autant écrivain poétique que grand botaniste, comparait le parfum du réséda à l'ambroisie de la mythologie ancienne.

A propos du *gléchome* ou *lierre terrestre*, je serai tout naturellement amené à leur dire l'histoire, ou plutôt la pittoresque odyssée de mon grand-père maternel, qui considérait très sérieusement ladite plante comme une véritable panacée, et qui, en conséquence, ne manquait jamais d'en amasser une ample provision à chaque retour du printemps.

Aujourd'hui je ne saurais rencontrer cette fleur sans qu'aussitôt la mémoire du brave homme me revienne avec un cortège d'images que je pourrais presque appeler légendaires.

D'ailleurs mon grand-père, un de ces artistes ingénus, humbles, s'ignorant eux-mêmes comme ils ignorent l'existence de l'art dont ils sont normalement inspirés, mon grand-père, c'était le miroir aux légendes. Il venait d'un des cantons les plus richement accidentés de la vieille confédération helvétique : il avait vécu enfant, adolescent dans une de ces petites villes à remparts crénelés, à château bastionné, à maîtrises, à crieurs du guet, à milice bourgeoise, à costume national, que sais-je? Quand il me prenait sur ses genoux, et que, pour me donner à rêver, il se mettait à me parler des choses de son temps, de son pays, c'était, voyez-vous bien, en plein moyen âge qu'il m'emportait.

Vous savez, par exemple, ces histoires de voyageurs traversant la nuit les bois neigeux, apercevant une lumière, un feu, s'approchant, et tombant dans un bivouac de voleurs; vous savez le bailli devant lequel ces bandits comparaissent enchaînés; vous savez la potence permanente où leurs squelettes font clic-clac au vent, et où perchent les corbeaux. Vous savez l'hospitalité des bûcherons, les chasses aux loups, les guerres sanglantes de bourgades à bourgades : les coutumes qui font loi. Vous savez les sentences-bons-mots d'un justicier souverain... Et puis les proverbes, et puis les articles de foi; et puis les mœurs à la fois joviales et austères : le vin d'honneur des syndics; les agapes de famille au grand

Le pivert et l'herbe au fer.

jour de Noël, les fiançailles bibliques, les noces pantagruéliques, les fêtes de corporations, les chants rustiques... J'entremêle tout cela, comme le conteur l'entremêlait lui-même.

Mais puisque nous nous occupons de plantes, ah! c'est mon grand-père qui vous aurait enseigné les vertus des simples existant ou même n'existant pas sur les catalogues des botanistes. Parmi ces derniers laissez-moi vous signaler l'*herbe au fer;* et comme vous pourriez un jour avoir la fantaisie d'en placer un échantillon dans votre herbier, laissez-moi vous dire comment il faudra procéder pour vous le procurer. Ce n'est pas très compliqué.

Tâchez de découvrir un nid de pivert. Ce nid trouvé, qui est ordinairement placé dans le creux

La scabieuse.

d'un arbre, fermez-en l'entrée à l'aide d'une plaque de fer que vous clouerez devant, étendez au pied de l'arbre un drap blanc, et... retirez-vous. Quand le pivert reviendra et verra l'ouverture de son nid ainsi obstruée, il ne fera ni une ni deux : il partira d'une aile agile, et ne tardera pas à reparaître portant dans son bec une herbe que lui seul sait trouver, une fleur qu'il lui suffira de présenter à l'obstacle pour qu'aussitôt les clous volent, la plaque se détache. N'ayant plus besoin de l'herbe merveilleuse, il la laissera tout naturellement tomber sur le drap, où vous pourrez la recueillir, soit pour l'analyser, la décrire, soit pour en être nantie (mais je ne vous le conseille pas) comme en étaient toujours nantis les voleurs du vieux temps, qui, à l'aide de ce véritable talisman, pouvaient s'introduire sans aucune difficulté d'effraction dans les maisons les mieux fermées, et s'échapper des geôles les plus solidement grillées, verrouillées.

Mon grand-père vous aurait appris aussi, — c'était là d'ailleurs une croyance commune autrefois, — que les plantes à tiges carrées furent providentiellement constituées ainsi pour donner à entendre qu'elles jouissent d'une vertu spécifique contre la fièvre quarte, les plantes à tiges triangulaires contre la fièvre tierce; que la *scabieuse,* fleur en écailles, doit être prescrite dans les maladies *écailleuses* de la peau, etc. Il vous aurait parlé du fameux *mors du diable,* plante si souverainement puissante contre les misères physiques de notre humanité, que pour la détruire Belzebuth viendrait par-dessous terre ronger, mordre sa racine, — où l'empreinte de la dent infernale est toujours d'ailleurs très évidemment empreinte[1].

C'est mon grand-père qui le premier me fit voir l'image du grand aigle germanique dans la tranche d'une racine de bruyère; il me conta même à ce propos une légende tudesque que je regrette fort d'avoir oubliée. C'est lui qui, un jour où nous nous promenions ensemble dans les champs, une guêpe m'ayant piqué, se hâta de prendre *trois sortes d'herbes,* les premières venues, qu'il broya, et dont il me fric-

[1] La forme de la racine brusquement tronquée de la *scabieuse succise* a donné lieu à cette singulière assertion.

tionna, en vertu de cet axiome irréfutable pour lui, adepte de l'omnipuissance curative des simples, que dans trois herbes cueillies au hasard une au moins devait se trouver qui possédât une propriété salutaire, — naïf *credo* dans lequel la toute prévoyante bonté, la paternelle sollicitude de l'Auteur de la nature est affirmée, me semble-t-il, avec une piété bien touchante. N'est-ce pas votre avis?

Mais j'irais loin, soit avec les seules légendes de mon grand-père, soit avec l'énumération motivée des titres « de mon herbier ». Passons.

C'est convenu, vous ne négligerez point de vous faire, dès la première découverte, un *memento* botanique.

Comment il faudra vous y prendre? Votre livre vous dira les procédés classiques de cette opération, et vous les suivrez si vous voulez; mais moi, paresseux, je n'y cherche pas, ma foi! tant de malice.

Le bonhomme Chrysale parlait de proscrire, comme meubles inutiles, tous les livres dont sa femme, sa sœur et l'une de ses filles encombraient la maison, tous,

> Hormis un gros Plutarque à mettre ses rabats.

J'ai, moi, un gros Plutarque à mettre mes plantes; et c'est tout l'attirail que j'emploie pour la confection de mon herbier. J'ouvre le vénérable tome, je dispose de mon mieux, sur l'une des deux pages qui se présentent, l'échantillon que j'ai rapporté; je le recouvre en refermant le livre, que je pose dans un coin de ma chambre, et que je charge de deux ou trois dictionnaires. Je laisse se passer quelques jours, plus ou moins, selon la nature de la plante, et je la retire assez bien desséchée pour la fixer, avec des bandelettes de papier gommé, sur une feuille blanche, du format de mes cartons, — au bas de laquelle j'inscris les noms botaniques, vulgaires, et les quelques observations particulières que j'ai été à même de faire.

Ce n'est pas plus difficile que cela. Essayez-en. Je ne doute pas, en effet, que vous n'en essayiez. . . . .

Comme j'en suis là de ma vagabonde épître, voilà qu'on m'apporte une lettre de vous, dans laquelle non seulement vous ne réclamez plus mon aide, ma direction, mes conseils, mais encore vous me sommez poliment d'avoir à vous laisser toute votre initiative, car, dites-vous, vous vous êtes hasardée en voyant que ma lettre tardait; et maintenant, cela va tout seul, et vous seriez presque contrariée, — presque est là pour la bienséance, — que mon intervention vînt diminuer pour vous les émotions de la découverte.

Eh bien, cherchez, découvrez, soyez émue en toute liberté, car, non seulement je ne ferai rien pour vous priver de cette satisfaction, mais encore, recevez-en le tardif mais sincère aveu, j'ai eu, dès le principe, la résolution bien arrêtée de ne rien faire en ce sens.

Si vous me soupçonniez de prendre après coup cette décision rétroactive, rappelez-vous, je vous en prie, combien j'ai insisté tout d'abord sur les avantages, sur les agréments de l'étude, que j'ai qualifiée « indépendante ».

Ma lettre tardait, dites-vous; si c'était un reproche, ah! comme il serait bien et sciemment mérité, puisque j'ai fait exprès de ne pas écrire plus tôt.

Croyez-vous donc que je ne prévoyais pas ce qui est arrivé : — que vous vous impatienteriez, que la curiosité vous pousserait; que vous vous risqueriez seule, et enfin que vous réussiriez? Eh! oui, je savais, je pressentais tout cela. J'ai joué avec vous, — ne m'en gardez pas trop rancune, — une petite partie tout hypocrite.

Mais récapitulons, avant que je prenne congé de vous, les incidents sommaires du délit dont je m'avoue coupable, et dont vous pourrez, à notre prochaine rencontre, me demander raison le fer... non, l'herbier à la main, si bon vous semble.

Dans ma première lettre, après vous avoir suggéré l'idée d'une aimable étude, j'ai tâché de vous démontrer que l'accès de cette étude était aujourd'hui dégagé des obstacles qui jadis l'obstruaient.

Dans la seconde, j'ai voulu développer indirectement, par l'exemple, cette thèse, qu'en se mettant en route pour l'acquisition, même exclusive, de la nomenclature, l'on se trouvait à chaque pas arrêté par les faits physiologiques, — j'allais dire psychologiques, — ou, si vous aimez mieux, que, meubler la mémoire étant le prétexte, l'on obtenait le résultat d'une poétique moisson pour l'esprit et pour le cœur.

Dans la troisième, qu'ai-je fait ou voulu faire, sinon, — pour gagner du temps peut-être, — enchérir sur la précédente et arriver à témoigner que la paisible fréquentation des fleurs peut, en quelque sorte, universaliser sa douce, sa consolante influence sur l'existence entière de ceux qui s'y consacrent?

Somme toute, je vous ai conseillé, par un affectueux intérêt, de devenir botaniste.

— Comment faire? avez-vous demandé.

Et je vous ai répondu : « C'est en forgeant qu'on devient... » Pardon! je me trompe : « C'est en botanisant qu'on devient botaniste. »

UN BIOGRAPHE

A TRAVERS CHAMPS

Mon ami Fernand, qui pourrait passer à bon droit pour le plus effréné amateur-collectionneur de médailles, n'admet pas qu'on ne soit pas possédé du même goût, ou, mieux, de la même fureur que lui. Je me trompe : il comprend fort bien qu'un certain nombre d'individus vivent dénués de tout penchant spéculatif; mais c'est pour lui quelque chose d'inexplicable que, la passion s'éveillant, elle n'ait pas pour inévitable direction la recherche et la conservation du *grand* et *moyen bronze*, des *consulaires*, des *autonomes*, des *grecques*, des *puniques*...

Or je suis, moi, quelque peu amoureux des plantes; et c'est là ce qui exaspère mon ami le numismate.

Pour lui, s'occuper de connaître les plantes, c'est uniquement faire provision de noms plus ou moins harmonieux.

« Mais voyons, lui dis-je l'autre jour. Quand tu t'escrimes, toi, à déchiffrer, à classer tes rondelles de métal, que fais-tu, sinon lire des noms, et rien que des noms, que tu disposes ensuite par séries?

— Des noms, oui, se récria-t-il, mais des noms qui sont les jalons de l'histoire.

— Et crois-tu donc, repris-je, que ces herbes, je dis même les plus simples, les plus communes de celles qui végètent dans nos champs, soient, en dépit du mépris dont tu les couvres, entièrement muettes? qu'à aucune d'elles ne se rattache la mémoire de quelque personnage notable ou glorieux? Crois-tu donc que les plantes n'aient pas aussi, d'aventure, leurs fastes, leurs chroniques? que leur passé ne se lie en rien au passé de l'humanité? ou qu'au moins certaines d'entre elles ne réveillent pas en tel ou tel d'entre nous qui les cueillons, qui les observons, quelque cher souvenir personnel? »

Mais mon ami Fernand m'interrompit, et, levant énergiquement les épaules et hochant la tête : « Laisse-moi donc tranquille avec ton fourrage, fit-il: des noms! des noms! et rien que des noms!... » Et il s'en alla.

Je ne l'ai pas revu depuis. Mais à cela rien d'étonnant; car il devait partir le lendemain de notre discussion pour une excursion dans une petite localité perdue, où il a su que des paysans avaient mis à nu quelques sépultures anciennes, et partant des médailles. Je m'attends à le voir reparaître, chargé de vieille monnaie verdegrisée, qu'il viendra me faire contempler.

Toujours est-il que, resté sous le coup de ses blessantes conclusions, j'ai résolu d'en appeler à des arbitres désintéressés que j'emmènerai faire l'école buissonnière, et qui, écoutant avec moi *la voix des plantes*, me rappelant leur passé, diront si mon ami Fernand est dans la vérité quand il prétend que la botanique consiste à retenir des noms et rien que des noms.

Or, voilà que j'exécute maintenant mon projet. L'arbitrage est ouvert. Qui veut bien être juge, me suive. Je pars... Je suis en campagne...

A peine ai-je gagné le bout de la rue, que, dans un terrain vague qui attend des constructions, j'aperçois, étalant ses fraîches étoiles lilas sur les décombres, la mauve, ainsi nommée du verbe grec *malasso*, j'amollis, et...

« Bien! bien! direz-vous sans doute, nous la connaissons, ainsi que ses douces vertus. Son histoire doit être exclusivement affaire d'officine ou d'hôpital; et nous ne supposons pas qu'à ce titre elle ait rien de fort intéressant à nous conter. »

Pour nous en assurer, interrogeons-la.

« Je ne suis plus pour vous, nous dit-elle d'un air piteux, qu'un remède vulgaire; mais les anciens jugeaient mieux de moi, qui me mettaient au nombre des aliments les plus recherchés, les plus estimables. Mon ère glorieuse fut au temps du grand Pythagore : « Nourrissez-vous de la *feuille sainte*, disait- « il à ses disciples, et votre pensée s'élèvera, et « votre âme se gardera pure et placide. » La feuille sainte, c'était moi. Et les disciples, à l'exemple du maître, professaient pour moi une véritable vénération.

« Vous ne songez à moi que lorsque la souffrance vous visite. Alors, rendez-moi cette justice, vous n'avez jamais à me chercher bien loin, car je ne quitte guère les environs de vos demeures. Peut-être est-ce de ma part une manière indirecte de vous faire entendre que je serais encore disposée à vous servir aussi bien pendant la santé que pendant la maladie. Mais vous êtes sourds. »

Sur ces mots, la mauve se renferme dans un morne silence.

Arrêtons-nous pour fixer très attentivement nos regards sur une plante aux rameaux ténus et maigres qui se dresse au bord du chemin. Peut-être allez-vous trouver que cette créature, à l'aspect aussi humble que chétif, ne semble point mériter la moindre attention? Et pourtant regardez-la bien, car elle se nomme la *verveine.*

— Eh bien, la verveine, quoi? après?

— Comment! ce nom ne vous dit rien? En ce cas, attendez : « Verveine, ma mie, si tu voulais nous conter ton histoire? »

Point de réponse; elle n'aura pas entendu. Je vais répéter en élevant la voix : « Verveine, ma mie... » Même silence. Qu'est-ce que cela signifie?

« Eh! eh! eh! Ah! ah! ah! Je le sais bien, moi, ce que cela signifie, et pour peu que vous teniez à le savoir, je suis plante à vous le rapporter de point en point. Eh! eh! eh! Ah! ah! ah! »

C'est un gros *bouillon-blanc,* dodu, velu, qui s'exprime ou plutôt qui s'égaye de la sorte.

« Bouillon-Blanc, mon brave, vous avez la parole.

— Eh! eh! eh! moi pas fier, je la prends sans me faire prier; je vous fais savoir que cette sotte est prise d'un grand dépit contre les humains d'aujourd'hui, et qu'elle croit sans doute se revancher magnifiquement en affectant de ne pas vous entendre, ou de ne pas vouloir vous répondre. Ah! la vieille sempiternelle, que ne boude-t-elle contre nous aussi bien que contre vous ! nous aurions les oreilles délivrées de ses lamentations, de ses hélas ! qui n'en finissent plus. Vrai ! il ne fait pas bon habiter le même quartier qu'une dolente de cette espèce. Ah ! si vous l'entendiez rabâcher l'histoire de sa prétendue grandeur passée!... Vous pensez bien le cas que nous faisons de son insipide radotage.

— Et vous avez tort, mon ami, car si, dans le monde dont vous êtes un des honorables citoyens, il y eut jamais personnage entouré de respect et réputé puissant, c'est à coup sûr cette verveine dont vous accueillez avec un profond dédain les justes doléances. Pour les Grecs, elle était l'*herbe sacrée* par excellence, et chez les Romains elle n'avait rien perdu de son merveilleux crédit. Les dévots ne se présentaient jamais devant l'autel des dieux que le front couronné et les mains pleines de verveine. C'était avec un bouquet de verveine qu'on devait purifier les dalles des sanctuaires. C'était avec de l'eau où la verveine avait baigné qu'on aspergeait les demeures d'où l'on voulait éloigner les divinités malfaisantes. Un rameau de verveine était mis aux mains des hérauts chargés d'annoncer la paix ; par l'influence de la verveine les nœuds de l'amitié ou de l'amour étaient rendus plus étroits, plus constants, et de mortels ennemis se trouvaient réconciliés. On la voyait suspendue, comme préservatif des maléfices, dans les maisons païennes, comme on voit aujourd'hui des branches de buis bénit dans les habitations catholiques. Et pendant que les Latins lui reconnaissaient d'aussi hautes vertus, les Gaulois, nos aïeux, en faisaient encore peut-être un plus grand cas ; car ils l'honoraient à l'égal du fameux *gui de chêne,* ce qui n'est pas peu dire. Ils ne la cueillaient qu'avec de grandes et nombreuses cérémonies. C'était au point du jour, à l'époque de la canicule, que les druides allaient l'arracher, après avoir offert des fruits et du miel en sacrifice à la Terre, et après avoir proféré de longues et saintes évocations. La verveine ainsi cueillie guérissait tous les maux et chassait tous les sorts contraires. Dans les repas, on en répandait sur les tables et sur la tête des convives, et ce soin avait pour effet de communiquer à tous la plus heureuse, la plus agréable gaicté. Les druidesses, qui étaient généralement douées du don de prophétie, ne trouvaient l'inspiration sacrée que sous l'influence de la verveine dont elles se couronnaient. Notre mot *verve* n'aurait pas, croit-on, d'autre origine. Des mains des prêtres et des prêtresses de la Gaule, la verveine passa dans celle des sorciers et enchanteurs de la France qui, pendant bien des siècles, n'ont cessé d'opérer, avec son aide, des prodiges inouïs. Ce qu'ils ont chassé de démons, rétabli de malades, découvert de trésors avec un seul brin de verveine coupé sur la plante à telle heure de la nuit, aux aboiements d'un chien noir, en tel lieu, en tel mois, en prononçant certaine formule cabalistique, est vraiment incalculable.

— Çà, Monsieur, parleriez-vous sérieusement? J'admets que ma voisine éprouve quelque regret de se trouver ainsi délaissée, après s'être vue à ce point recherchée, honorée; mais, je vous le demande, n'est-ce pas le train de ce monde? aujourd'hui en haut, demain en bas; et ne faut-il pas se déclarer satisfait du moment où l'on occupe tranquillement une petite place au « banquet de la vie »? Elle s'obstine dans la ridicule idée qu'elle possède vraiment toutes les vertus que des fripons ou des dupes lui attribuaient jadis, et que la plus grande iniquité commise sous le ciel est celle qui consiste à ne lui rendre aucun hommage.

— Que voulez-vous, mon ami! c'est l'histoire des rois déchus. Or toutes les opinions qui se produisent honorablement étant respectables...

— Quoi! Monsieur, vous viendriez m'exhorter à respecter de pareilles billevesées! Quoi! je devrais reconnaître à telle plante le pouvoir d'indiquer les trésors cachés; à telle autre, de chasser les démons ou de les évoquer! Vous croiriez cela, vous!

— Mon Dieu! Bouillon-Blanc, si cela doit vous faire plaisir, je dirai que je ne crois rien du tout; mais j'imagine que je saurai au besoin vous démontrer par des faits personnels comment ces croyances ont pu s'établir.

— Eh bien, voyons ces faits personnels.

— Il y a quelques années, — j'habitais alors Meudon, dont les environs offrent aux botanistes comme aux simples promeneurs de très intéressantes excursions, et il va sans dire qu'à mes loisirs j'allais explorant le bois en tous sens, — le directeur d'un journal d'enfants m'avait demandé un conte, une histoire, et je m'étais engagé à travailler pour son petit public. « Voulez-vous faire un civet, prenez un lièvre, » dit *la Cuisinière bourgeoise*. « Si tu veux faire un conte, trouve d'abord un sujet, » est obligé de se dire l'écrivain. Or un après-midi je rôdais dans la forêt, et tout en disant bonjour aux fleurs qui, la plupart, étaient pour moi d'anciennes et intimes connaissances, je cherchais le motif du futur récit.

J'étais sorti plein d'idées riantes. Le joyeux spectacle de la nature en fête, — car il faisait un temps magnifique, — ajoutait à cette heureuse disposition. Laissant les chemins couverts, je marchais le long des sentiers pleins de douce lumière, sur la marge feuillue desquels je croyais entendre s'ébattre de gracieuses légions d'esprits aimables, venus pour m'inspirer une légende aussi gaie que coquette, dont je voyais déjà se grouper les gracieux personnages; et déjà aussi j'apercevais la troupe de mes jeunes lecteurs mise en liesse par la sémillante narration que je leur préparais.

Voilà que, dans le fond d'un fourré humide, obscur, je remarque une fleur que je ne crois pas reconnaître. Je descends, je me baisse, je la cueille, je l'examine; mais il ne me souvient pas de l'avoir jamais rencontrée jusqu'alors; et, comme je n'ai point de répertoire botanique avec moi, ce ne sera qu'après mon retour à la maison que je pourrai savoir le nom qu'elle porte. J'en prends donc plusieurs tiges, dont je fais un petit bouquet; et, ce bouquet à la main, je poursuis ma promenade et ma rêverie.

Ce qu'il advint alors de moi, de mes idées, je serais bien en peine de le définir, d'en rendre fidèlement compte. Je sais seulement que sans m'en apercevoir, — car ce ne fut guère que plus tard que j'en fis la remarque, — au lieu de chercher d'instinct les chemins clairs et spacieux, je me trouvais comme poussé à me perdre sous les voûtes sombres des épaisses futaies. Je sais qu'insensiblement les tableaux qui étaient venus s'épanouir radieux dans mon imagination se couvrirent de teintes sinistres; que la fable joyeuse, auparavant incertaine dans les sphères heureuses, s'accusa, drame terrible dans l'élément funèbre; que le sujet qui m'était d'abord apparu secouant les grelots d'une douce folie, revêtit définitivement la livrée du deuil et de la désolation. Jamais fiction aussi navrante, aussi lugubre n'était éclose dans mon esprit.

Et comme, enfoncé dans la plus noire profondeur de la forêt, je goûtais un triste charme à remuer ces tristes idées, un fracas horrible se fit tout à coup entendre... : au-dessus de ma tête la tempête tordait, entre-choquait, aux lueurs des éclairs, les branches des grands chênes. — Les éclats de la foudre, répercutés en longs échos dans le vallon, faisaient trembler la terre en déchirant les nues. L'eau qui tombait par nappes courait en fauves torrents sur la pente ravinée. Jamais plus formidable orage.

Baigné, transi, je pus enfin rentrer chez moi, toujours tenant la plante inconnue, dont je m'inquiétai de rechercher le nom aussitôt que je fus quelque peu remis.

Le livre consulté m'apprit qu'elle s'appelait, de son nom classique: la *circée*, et de ses noms vulgaires: *herbe aux sorciers*, *herbe à la magicienne*. Puis au-dessous de ces dénominations caractéristiques, je lus cette remarque que faisait l'auteur du livre: « On ne comprend pas pourquoi le nom de la fameuse enchanteresse mythologique a pu être donné à cette plante des bois humides, qui n'attire guère l'attention que par ses petites fleurs en épis blancs contrastant avec son feuillage sombre; on se demande comment elle a pu être employée dans les siècles d'ignorance à composer des philtres néfastes, à opérer des maléfices; et pourtant un des articles les plus secrets de la science des magiciens enseignait les moyens de la reconnaître, le jour et le moment de la cueillir, et les cérémonies terribles, mystérieuses qui devaient accompagner son emploi. Aujourd'hui à peine lui concède-t-on une faible vertu médicale. »

C'est ainsi que je fis connaissance avec la magique *circée.*

— Voudriez-vous, Monsieur, nous donner à entendre que les sombres inspirations qui vous vinrent, que l'orage qui éclata furent dus à l'influence de...?

— Permettez, Bouillon-Blanc; je n'ai pas fini. Deux mois plus tard, sur un autre point du même bois, le hasard me conduisit dans un carrefour où je trouvai un enfant qui, le visage ensanglanté, les habits souillés, se roulait sur lui-même en poussant des cris douloureux. Je me fus bientôt assuré que le sang dont il était couvert provenait seulement de quelques légères égratignures au front et aux joues; mais je pus constater en même temps qu'il avait un poignet luxé et une jambe fortement meurtrie. Tout en donnant au pauvret les quelques soins que j'étais à même de lui offrir, je ne laissai pas de le questionner sur les causes de son accident; ne lui dissimulant point que j'étais tout porté à croire que, par imprudence ou par étourderie, il avait largement contribué à la mésaventure qui l'avait mis en ce piteux état :

« Tu auras voulu aller prendre quelque nid sur un arbre, les branches auront manqué dans tes mains ou sous tes pieds, et alors...

— Oh! non, Monsieur, je vous assure. Ça m'est bien arrivé sans que je sache comment. Je passais par ce petit chemin qui est là au-dessus, je m'en retournais tranquillement, en arrangeant un gros bouquet que je venais de cueillir, et que j'emportais pour maman. Tout d'un coup, — il n'est cependant

L'enfant et la circée.

pas bien étroit ce chemin, ni bien mauvais, j'y ai passé vingt fois sans que pareille chose m'arrivât, — tout d'un coup, le bord où je marchais s'effondre, et vlan ! me voilà roulant sans pouvoir m'arrêter jusqu'au bas du talus, à travers les épines et les pierres, qui m'ont fait le mal que j'ai... Et à preuve que je ne mens pas, voyez, toutes les fleurs de mon bouquet sont encore éparpillées là où j'ai dégringolé. »

Je regardai.

L'enfant disait vrai. Mais la première fleur que je reconnus parmi celles qui jonchaient le sol n'était autre qu'une *circée*.

— Et vous allez inférer de là, s'écrie Bouillon-Blanc, que...

— Patience donc, sceptique. Je n'infère rien : je raconte. L'année d'après, pendant que j'étais en visite dans ma famille, en province, à la campagne, un de mes cousins assistant par hasard à une licitation de biens mis en vente par lots, se rendit adjudicataire, presque en façon de plaisanterie, d'une parcelle de bois, moyennant, je crois, cent cinquante ou deux cents francs : une idée qui lui était venue séance tenante, et dont on s'égaya fort quand il nous fit part de son importante acquisition. Quoi qu'il en fût, on décida d'aller le jour même visiter la *forêt* du cousin, pour en prendre solennellement possession.

Jeunes et vieux, petits et grands veulent être de la partie. On se met joyeusement en route. La caravane est dirigée par le cousin, qui affecte d'être singulièrement enorgueilli à l'idée de possession d'un aussi considérable domaine.

Le bois est en vue. Des hourras retentissent. Le propriétaire réclame et obtient sans conteste le droit de poser le premier le pied sur ce sol dont il veut nous faire les honneurs. Nous nous arrêtons. Il franchit seul la limite.

Puis, quand il a fait deux ou trois pas sur sa terre, nous le voyons qui se courbe; puis se retournant vers nous, avec une tige fleurie dans la main :

« Regardez, mon cousin, les jolies fleurs qui croissent dans mon bois, » me dit-il.

Et comme il s'aperçoit que je considère cette fleur d'une singulière façon :

« Çà, reprend-il, est-ce que par hasard vous ne la reconnaîtriez pas, vous qui vous vantez de les connaître toutes? » Et il ajoute avec un long éclat de rire, qui éveille de nombreux échos : « Qui sait! il n'y a peut-être que mon bois qui en produit de semblables, ce qui fait que tout naturellement elle ne peut que vous être complètement étrangère, puisque vous n'êtes jamais venu dans mon bois. »

Et les rires de redoubler.

Mais moi, très sérieusement :

« Pardon, mon cousin, je la connais, c'est la *circée*...

— Et ensuite, Monsieur? dit Bouillon-Blanc.

— Ensuite? la promenade s'acheva aussi gaiement, aussi follement qu'elle avait commencé; et je ne tardai pas à oublier cet incident, qui, malgré moi et sans que je crusse devoir faire part à personne de cette impression, m'avait paru comme un point sombre sur cette radieuse journée. Mais quatre ans plus tard, et presque jour pour jour [1], le brave garçon, qui se rendait à une fête de famille, trouvait une mort affreuse dans une catastrophe de

1 Rigoureusement historique.

chemin de fer. Et alors, malgré moi encore, il me ressouvint de l'avoir vu cueillant un jour, dans son bois, la *circée.*

— Et vous avez conclu...?

— J'en ai conclu que pour peu que j'eusse l'esprit porté aux superstitions, je ne manquerais pas d'attribuer à cette plante quelque influence vraiment funeste. Et c'est ainsi, en tout cas, que je m'explique comment il s'est fait...

— Que vous croyez à la funeste influence de la circée, car je vois où le bât vous blesse. Vous n'osez pas l'avouer en face de gens qui, comme moi, se moqueraient de vous, mais vous croyez bel et bien à toutes ces sottes histoires.

— Çà, Bouillon-Blanc!...

— Vous y croyez, Monsieur; ne me dites pas le contraire. Vous êtes superstitieux; et je ne vous en fais pas mon compliment, car ces idées biscornues ne peuvent que troubler l'existence, et l'on a toujours assez de tracas sans aller encore s'en forger. Si la crainte du ridicule ne vous retenait, ah! le bon client que vous feriez pour la verveine, et aussi pour quelques autres que j'ai d'aventure entendu me rapporter leurs glorieux souvenirs. Ainsi, tenez, Monsieur, le *millepertuis* m'a un jour bien diverti en me contant une fois tous les prétendus exorcismes obtenus par sa merveilleuse intercession. Lui, au moins, il ne croit ni n'a jamais cru le premier mot des sornettes débitées sur son compte. On l'appelait *chasse-démons :* il en riait. Aujourd'hui les bonnes femmes, pour qui la médecine ressemble singulièrement à une science occulte, viennent encore demander à ses feuilles, à ses fleurs toute espèce de guérisons: ça le divertit beaucoup; et, d'ailleurs, comme il dit : « Mon Dieu! du moment où je ne leur fais point de mal, je me flatte d'être en somme un assez grand médecin. » Une autre plante dont il m'est revenu de bizarres histoires, c'est la violette *des sorciers, des morts...*

— Vous voulez parler de la *pervenche?* En ce cas, mon cher esprit fort, je vous arrête. Moquez-vous, si cela vous amuse, des talismans, mais respectez au moins les symboles. Trop de gens aujourd'hui tendent à dépoétiser tout, comme si vraiment le corps seul était intéressé à la vie. Grâce donc pour les symboles, qui parlent à l'âme; et, autant que je puis croire, la pervenche, même sous les noms les plus étranges, ne fut jamais que symboliquement honorée.

— Pourtant, Monsieur, ce nom de violette des sorciers indique nécessairement...

— Ce nom lui fut donné, si j'ai bonne mémoire, parce qu'elle tapisse communément les rochers, et partant les grottes où les soi-disant sorciers se retiraient pour procéder à leurs évocations. Quant à celui de violette des morts, — on devrait d'ailleurs dire des *mortes,* — elle le doit à cela qu'ayant été longtemps, et chez beaucoup de peuples, l'image de la candeur, de l'innocence, on avait autrefois coutume, lorsqu'une vierge mourait, de la couronner de pervenches pour la porter au tombeau. En Belgique, on en jonchait le passage des jeunes mariés. Dans certains pays, lors des réceptions des souverains dans les villes, on en tressait des guirlandes qu'on suspendait aux maisons comme emblème de pure fidélité. — Aujourd'hui, dans le langage des fleurs, elle signifie *doux souvenir.* Et c'est à une circonstance de la vie de Jean-Jacques Rousseau que remonte cette poétique attribution : « J'allais, raconte-t-il, m'établir aux Charmettes avec Mme de Warens : en marchant elle vit quelque chose de bleu dans la haie, et me dit : — Voilà de la pervenche encore en fleur. — Je n'avais jamais vu de la pervenche, je ne me baissai pas pour l'examiner, et j'ai la vue trop courte pour distinguer à terre la plante de ma hauteur. Je jetai seulement en passant un coup d'œil sur celle-là ; et près de trente ans se sont écoulés sans que j'aie revu de la pervenche, ou que j'y aie fait attention. En 1764, étant à Grenier, avec mon ami M. du Peyron, nous montions une petite montagne, au sommet de laquelle il y a un salon qu'il appelle avec raison *Bellevue*. Je commençais alors d'herboriser un peu. En montant et regardant parmi les buissons, je pousse un cri de joie : Ah! voilà de la pervenche. Et c'en était en effet. » Ce simple cri d'émotion du philosophe botaniste a fait la renommée définitive de la pervenche. Bernardin de Saint-Pierre, le premier, s'avisa de l'appeler *la fleur de Jean-Jacques*, et la postérité a consacré ce baptême.

Il se peut cependant que le célèbre citoyen de Genève ne soit à vos yeux qu'un rêveur misanthropique et subversif; et il s'ensuivra que la joie à lui causée par une fleur ne vous semblera constituer pour celle-ci qu'un médiocre titre de gloire. Tâchons de lui en trouver quelque autre.

Cent ans auparavant, — à cette époque, comme encore aujourd'hui, selon beaucoup de gens, le suc de la pervenche était réputé souverain dans le traitement des mères qui cessent d'allaiter leurs enfants, — convaincue que Mme de Grignan devait à cette plante le rétablissement de sa santé un moment gravement altérée, Mme de Sévigné écrivait à son adorée fille : « Cette chère pervenche, ah ! que je suis ravie que vous l'ayez trouvée à votre point ! on dirait qu'elle a été faite pour vous. Quand vous redevîntes si belle, on disait : Mais sur quelle herbe a-t-elle marché? Je répondais : Sur de la pervenche. » Vous voyez qu'après avoir voulu dire en même temps *candeur* et *fidèle attachement*, elle pourrait encore signifier *joie maternelle*, aussi bien qu'*heureuse souvenance*. Je vous ferai, en outre, observer qu'elle est d'une famille à laquelle se rattache un des souvenirs les plus importants de notre histoire primitive...

— C'est possible, Monsieur, mais laissez-moi vous dire que je fais mes réserves sur cette opinion, qu'une commune origine implique une solidarité quelconque entre descendants ou collatéraux. Je vous étonne, je vous scandalise sans doute, car vous me faites l'effet d'être démesurément indulgent aux préjugés, tandis que moi je n'en admets aucun, — et pour de bonnes raisons, comme j'aurai l'honneur de vous le démontrer tout à l'heure; — mais voyons, je vous prie, le fait qui est propre, selon vous, à rendre plus brillante encore la réputation de votre sentimentale héroïne.

— Eh bien, le voici tel que je le trouve rapporté par un auteur : « Les sages de Ceylan, ayant démontré que leur île avait été le siège du paradis terrestre, ont cherché à découvrir quel était l'arbre du fruit défendu, et ils l'ont trouvé dans le *divi ladner*, de la famille des *apocynées* (la pervenche est une apocynée). » La beauté de son fruit et le parfum de ses fleurs avaient de quoi tenter la mère des humains; et d'ailleurs le fruit porte encore la marque des dents de la première femme. Jusqu'alors ce fruit avait été délicieux; mais, dès que le péché de désobéissance eut été commis, il devint terriblement vénéneux, et depuis il n'a pas cessé de l'être.

— Bon! c'est, ma foi, très original, et je ne pensais pas que je dusse trouver dans votre témoignage même un argument de plus en faveur de ma manière de voir, qui est diamétralement opposée à la vôtre. Vous avez voulu faire rejaillir sur l'humble pervenche un rayon de l'antique gloire de son proche parent; vous croiriez-vous moins logique en la rendant responsable, elle innocente personne, des empoisonnements qui ne peuvent manquer d'être portés de temps en temps au compte du *Divi ladner?* Or je me trouve absolument dans le même cas, moi. Chacun pourra vous certifier, je crois, que je joue dans le monde un rôle suffisamment probe; car je ne fais sciemment de tort à personne, et d'aventure même quelques individus se trouvent pour venir, comme à mon camarade le millepertuis, me demander de prétendus services, et pour se figurer que je les leur rends, quand je teins et parfume tant soit peu de mes fleurs le breuvage qu'ils s'administrent avec une foi naïve en laquelle réside tout mon pouvoir. Bref, je suis de cette grande classe inerte qu'on est convenu d'appeler *les honnêtes gens;* et pourtant Dieu sait si ma famille est *mêlée;* Dieu sait quel bizarre assortiment de personnages éminemment utiles, éminemment fourbes ou éminemment scélérats, la compose. J'en citerai seulement quelques-uns : la pomme de terre, cette souveraine bienfaitrice de l'humanité; le tabac, cet étrange amuseur; la jusquiame, la belladone, ces redoutables empoisonneuses; la mandragore, qui, non moins meurtrière, matériellement parlant, pourrait, au point de vue moral, symboliser l'imposture dans tout ce qu'elle a de plus froidement perfide, de plus indignement malicieux. Vous a-t-on quelquefois dit les infâmes duperies auxquelles elle se prêta? Savez-vous qu'à une certaine époque elle jouit, comme plante merveilleuse, d'une réputation universelle? Vous a-t-on conté, par exemple, que pendant qu'elle était tenue en vénération dans toute l'Asie, les anciens Germains transformaient ses racines en idoles devant lesquelles ils se prosternaient, et qu'ils consultaient dans les circonstances difficiles? Avez-vous lu dans Théophraste qu'avant de l'arracher il fallait tracer avec la pointe d'une épée trois cercles autour de la mandragore; que celui qui la cueillait devait se tourner vers l'orient, tandis qu'un acolyte dansait en proférant des paroles indécentes? Avez-vous vu affirmer par les auteurs qu'elle poussait d'horribles gémissements quand on l'arrachait, et qu'il fallait, pour avoir le courage d'accomplir cette barbare opération, se boucher hermétiquement les oreilles, afin de ne pas se laisser attendrir par ses lamentations? Enfin vous a-t-on rapporté que, parmi les nombreuses et scandaleuses vertus qui lui étaient attribuées, figurait en première ligne celle de faire que celui qui avait su se l'approprier dans les conditions exigées n'avait plus qu'à désirer pour qu'aussitôt tout lui réussît, tout lui échût selon ses vœux?

— Il m'est, en effet, revenu quelque chose de cela. Et même, à ce propos, écoutez une histoire :

« Il a la mandragore! c'est un damné! Au bûcher le païen! Qu'on le brûle! Pillons sa maison! A mort le sorcier! Il a la mandragore! Il a la mandragore! » Ainsi criait, vociférait, il y a bientôt trois cents ans, la populace de la Rochelle, ameutée devant la boutique d'un faiseur et marchand de chandelles, qui, au su de chacun, était entré pauvre en commerce, et qui, en quelques années, avait réalisé un certain avoir.

Était-ce vraiment par le secours de la plante magique que ce résultat avait été obtenu, et par là pouvait-on s'expliquer l'indignation du populaire qui s'apprêtait à lui faire un mauvais parti? ou bien le succès légitimement acquis, mais peut-être un peu rapide, avait-il excité contre lui la jalousie, la haine de ses concurrents moins habiles ou moins favorisés de la clientèle, et ceux-ci, semant de méchants bruits sur son compte, avaient-ils aisément trouvé à les accréditer parmi les gens sans aveu qu'alléchaient le désordre et l'espoir du pillage?

Ne nous prononçons pas encore.

Toujours est-il qu'en voyant cette tourbe s'agiter devant sa demeure, et en entendant les menaces qu'elle proférait, le marchand pouvait sérieusement croire que sa dernière heure était venue; car il savait bien que ses meilleurs arguments ne prévaudraient pas contre l'aveugle animosité dont il était l'objet.

Mais Dieu permit que la garde et la conduite de la ville fussent alors confiées à un digne et courageux citoyen, qui, au premier bruit de l'affaire, accourut en la compagnie de quelques hommes d'armes déterminés, dont la mâle contenance, l'énergique intervention suffirent à inspirer de prudentes réflexions aux vagabonds, aux pillards, qui se dispersèrent.

Le marchand de chandelles était sauvé; mais, si les effets de l'attroupement avaient été conjurés, les motifs ou plutôt le prétexte qui y avait donné lieu ne subsistait pas moins. Partout encore on entendait dire et répéter dans la ville que le marchand de chandelles devait sa fortune à des pratiques mécréantes, qu'il avait fait pacte avec Lucifer, à qui son âme était vendue, qu'enfin il avait la fameuse mandragore. Et il y avait à craindre non seulement que la populace ne revînt à la charge, mais encore qu'elle ne fût appuyée ou encouragée par maintes gens d'honnête et chrétienne condition, qui croiraient sincèrement faire œuvre pie en prêtant les mains au châtiment d'un infâme citoyen.

A quelques jours de là, le prince Henri de Béarn, alors roi de Navarre, qui devait plus tard gouverner la France sous le nom de Henri IV, arriva dans la ville. L'aventure lui fut contée. Il approuva, il loua la conduite du gouverneur; mais, comme on lui apprit que la rumeur continuait à désigner le marchand à la vindicte publique :

« Oh! dit le roi, voilà qu'il faudrait aviser à faire cesser.

— Sire, hasarda un des assistants, peut-être qu'une bonne ordonnance...

— Une ordonnance! y pensez-vous? Ce serait vraiment le moyen d'envenimer l'affaire encore plus. »

Et, comme s'il eût dédaigné de s'occuper davantage de cette question, le roi détourna l'entretien; et la journée s'acheva sans qu'il eût parlé de nouveau du marchand de chandelles.

Vers le milieu de la nuit, et alors que tout dormait dans la cité, à l'exception de Henri de Béarn et de quelques gentilshommes et bourgeois, avec lesquels, après souper, il s'était attardé à deviser, selon sa coutume : « Çà, Messieurs, fit le roi, si

Henri IV et le marchand de chandelles.

nous allions un peu visiter cet homme qui a la mandragore. Venez; conduisez-moi. »

La petite troupe arrive dans la rue où demeure le marchand.

Le roi, qui marche le premier, commande à ses gens de s'arrêter à quelques pas de la boutique qu'on vient de lui désigner.

Puis, seul, il s'avance, et frappant lui-même du poing contre le volet :

« Eh! l'ami chandelier!

— Qui va là? répond de l'intérieur la voix quelque peu effarée d'un homme subitement arraché au sommeil.

— C'est, réplique le prince, un bourgeois qui n'a pas de chandelle pour rentrer chez lui, et voudrait vous prier de lui en vendre une petite.

— Bien, l'ami, je me lève et vous sers. »

Ce qui fut dit fut fait. Le marchand sortit de son lit, ouvrit la porte, donna la chandelle à son client, qui lui en paya la mince valeur, souhaita la bonne nuit, et alla se recoucher.

Et le roi de s'écrier en rejoignant ses compagnons, qui d'ailleurs n'avaient rien perdu de l'incident : « Eh bien! Messieurs, qu'en pensez-vous? Voilà la mandragore de cet homme! Il ne perd aucune occasion de gagner; c'est le moyen de s'enrichir. Demain, dites ce que vous avez vu. »

Ils le dirent, en effet; et leur récit fit ce que n'aurait pu faire la plus sévère des ordonnances. Le bon esprit du prince l'emporta sur la superstition et l'envie. L'honnête industriel put continuer à faire fortune sans que le loyal profit de son travail fût imputé aux influences du démon et de la mandragore.

« Là-dessus, Bouillon-Blanc, mon ami, comme je pense m'être quelque peu réhabilité à vos yeux par cette narration essentiellement rationaliste, permettez-moi de vous offrir mes salutations, et de poursuivre ma promenade. »

— Un mot encore, je vous prie, Monsieur; un simple mot, ou plutôt une simple question.

— Voyons.

— Autant que je puis croire, vous allez d'ici et delà, procédant à travers le monde végétal à une sorte d'enquête physiologique et historique; le chapitre des mœurs et coutumes ne doit pas vous être indifférent.

— Certainement non.

— Eh bien! vous qui devez savoir que les végétaux ont précédé l'homme sur la terre, me direz-vous comment il se fait que, par certaines conditions de leur existence, certaines plantes semblent intimement liées à l'existence de l'homme?

— Comment l'entendez-vous?

— Un exemple. Quand il n'y avait point d'hommes sur la terre, y avait-il des chemins, des habitations, des jardins, des murailles, des puits, etc.? Non, n'est-ce pas? Or il est telles plantes qu'on ne voit jamais établies que le long des chemins, ou autour des habitations, ou dans les lieux cultivés, ou dans les fentes des murs, ou aux parois intérieures des puits, etc. Où s'établissaient-elles avant que tout cela existât?... Mais, pour n'attirer votre attention que sur un seul de ces points, comment vivaient celles qui, comme moi, semblent ne pouvoir habiter que les bords d'un chemin? Et en quoi l'existence d'un chemin peut-elle modifier la nature, la manière d'être du sol, pour que ces plantes en fassent leur séjour en quelque sorte exclusif? C'est le double problème que je vous donne à résoudre.

— Vous feriez bien mieux de le résoudre vous-même : il n'y a là aucun mystère pour vous, tandis que pour moi ce n'est rien moins qu'inexplicable.

— Cherchez.

— Mais enfin, puisqu'il vous serait si facile...

— Moi, je n'en dis plus mot. »

Et il s'obstine, en effet, à garder le silence. Faux bonhomme qui n'est pas fâché d'avoir, comme on dit, le dernier. Et je vous avoue en toute humilité, ami lecteur et compagnon, qu'il se l'est bel et bien assuré; car cette question qu'il vient de me poser, je me la suis mainte fois adressée à moi-même, et je n'ai jamais réussi qu'à jeter ma langue aux chiens. Si donc vous êtes plus heureux, mieux avisé que moi; si la solution vous vient, je compte que vous voudrez bien m'en faire part. Mais poussons plus loin.

Lançons-nous à travers cette plaine entrecoupée de prairies, de vergers, de champs de blé.

Et toutefois voici, au pied d'un mur, une plante encore aussi frêle qu'obscure, auprès de laquelle nous devons nous arrêter un instant. C'est l'*erysimum officinale* de Linné, l'*herbe au chantre* du vulgaire. Pourquoi l'*herbe au chantre?* Est-ce un botaniste, ou un médecin, ou un pharmacien qui va nous l'apprendre? Non. Ce sera un grand, un illustre poète, à propos d'un rimeur non moins fameux.

Boileau est aux eaux de Bourbon, pour s'y faire guérir d'une extinction de voix, et la cure n'avance guère. Alors Racine lui écrit ceci :

« J'ai trouvé chez M. Nicole un médecin qui me paraît fort sensé... Il m'a assuré que si les eaux de

Bourbon ne vous guérissaient pas, il vous guérirait infailliblement. Il m'a cité l'exemple d'un *chantre* de Notre-Dame à qui un rhume avait fait perdre entièrement la voix depuis six mois, et qui était près de se retirer; ce médecin l'entreprit, et avec une tisane d'une herbe qu'on appelle, je crois, *erysimum*, il le tira d'affaire, en telle sorte que non seulement il parle, mais il chante, et a la voix aussi forte qu'il l'ait jamais eue. J'ai conté la chose aux médecins de la cour, ils avouent que cette plante est très bonne pour la poitrine, etc. »

Boileau répond : « Au pis aller, nous essayerons cet hiver l'*erysimum*. Mon médecin et mon apothicaire, à qui j'ai montré l'endroit de votre lettre où vous parlez de cette plante, ont témoigné tous deux en faire grand cas. Mais M. Bourdier (le médecin) prétend qu'elle ne peut rendre la voix qu'à des gens qui ont le gosier attaqué, et non pas à un homme qui a comme moi tous les muscles embarrassés. » Et le satirique ajoute ce trait qui sent son Molière d'une lieue : « Peut-être, si j'avais le gosier malade, prétendrait-il que l'*erysimum* ne saurait guérir que ceux qui ont la poitrine attaquée. »

Quoi qu'il en fût, Boileau recouvra la voix sans l'aide de l'*erysimum*, qui devint néanmoins fameux sous le nom d'*herbe au chantre*, mais qui s'appellerait peut-être l'*herbe au poète*, si l'auteur du *Lutrin* lui avait dû son rétablissement.

C'est bien, je crois, tout ce que l'*erysimum* pourrait nous dire. Passons donc, et marchons droit à cette éblouissante nappe dorée. — Qu'est cela? — Eh! mon Dieu, tout simplement, tout prosaïquement un champ de *colza* en fleur. Or qu'est-ce que le colza?... Si vous adressiez cette demande à un paysan, il vous répondrait : « C'est une plante que nous semons un peu après la moisson, pour en récolter, l'année d'ensuite, la graine, qui donne une huile aussi utile qu'abondante, employée pour l'éclairage, la fabrication des savons, la préparation des cuirs, et même pour la table... » Si vous eussiez parlé à un botaniste, il vous aurait vraisemblablement répondu : « Le colza n'est autre, selon la science, que le *chou* à son état originel ; car n'ayant retrouvé spontané en aucune région notre chou, nous avons été conduit par des remarques minutieusement corroborées à conclure qu'il a pour type le colza, que nous voyons croître en liberté sur plusieurs points de l'Europe. » C'est donc en face du chou *pur sang* que nous sommes. Bel honneur, — penserez-vous peut-être, — que de se trouver en tête-à-tête avec le plus vulgaire, le plus grossier des légumes ! Vulgaire et grossier légume, soit ; mais oubliez-vous que les plus grands noms de la grande Rome n'eurent d'autre origine que l'excellence des soins donnés par ceux qui les reçurent à tel ou tel légume ? Ainsi, les Fabius ou cultivateurs de fèves, les Lentulus ou cultivateurs de lentilles, les Cicéron ou cultivateurs de pois chiches. A vrai dire, cela se passait au temps où il était tellement dans l'ordre d'aller chercher aux champs les chefs de la république, qu'il y avait des messagers désignés pour cet emploi ; au temps où les généraux, en apprenant la mort de leur métayer, demandaient à interrompre le cours de leurs victoires, — chose qui ne leur était point accordée, car alors le Sénat se déclarait lui-même administrateur de leur héritage, qui était alors cultivé aux frais de l'État ; — au temps où, comme dit Pline, la gloire et le froment portaient le même nom, car une mesure de blé était la plus magnifique récompense qu'un citoyen pût recevoir. — Mais pour en revenir à ce chou que vous ne semblez pas tenir en grande considération, savez-vous que son nom latin, *brassica*, dérive d'une locution grecque qui signifierait tout simplement le *légume*, d'où il faudrait déduire qu'il était regardé comme l'herbe potagère par excellence,— dénomination qui, tout respect gardé et toute différence établie, est en quelque sorte analogue à celle de nos anciens livres saints, dont l'ensemble a été appelé *Bible*, de *biblos*, le livre? — Vertu-chou! ou, si vous aimez mieux, par la vertu du chou, disaient nos aïeux à l'écho d'un de leurs rois. Ils n'avaient pas inventé ce juron, car déjà du temps d'Homère, dans cette Ionie dont la langue était aussi harmonieuse que le nom, on jurait, on attestait le chou, comme on jurait ailleurs le Styx. Ce même Pythagore qui prescrivait la mauve comme aliment indiquait le chou comme remède à tous les maux, et il faut croire que son avis n'était pas tout à fait dénué de fondement, car on raconte que les Romains, après avoir décidé l'exclusion, le bannissement de tous les médecins, restèrent pendant cinq ou six siècles sans autre Esculape que le chou, et ne s'en portèrent pas plus mal. Le grand philosophe avait consacré un volume tout entier aux vertus curatives de ce végétal. D'autres l'imitèrent, parmi lesquels le célèbre Caton, — le censeur, — qui, à son tour, publia un gros volume pour célébrer le chou, aussi bien comme aliment que comme remède. Diogène, le philosophe au tonneau, ne vivait que de choux. Un jour, voyant passer Aristippe, qui faisait consister la sagesse dans l'art de jouir délicatement :

« Si tu savais manger des choux, lui cria-t-il, tu ne serais pas obligé de faire la cour aux grands.

— Et toi, répliqua Aristippe, si tu savais faire la cour aux grands, tu ne serais pas réduit à manger des choux. »

Aristote a consigné dans ses écrits cette opinion généralement reçue dans l'antiquité, que si l'on mangeait du chou au commencement du repas, on pouvait ensuite se livrer impunément aux excès de Bacchus; opinion fondée, paraît-il, sur cette autre, que le chou ne saurait végéter à côté de la vigne sans lui nuire; aussi voyons-nous dans tous les auteurs anciens qui ont traité de l'économie rurale l'épithète d'*ennemi de la vigne*, accolée sans cesse au nom du chou.

S'il faut en croire Caton, c'était d'après la culture des choux qu'on appréciait les anciens laboureurs; et comme ce soin regardait ordinairement la femme, on jugeait, lorsque le jardin était négligé, que la maîtresse de la maison n'entendait rien au ménage, parce qu'il fallait alors aller au marché et à la boucherie.

« Mais, dit un historien, le peuple-roi méprisa bientôt ce régime simple. Après la conquête de l'Asie, il lui fallut des mets plus friands, plus recherchés... Le goût de la bonne chère fit encore des progrès lorsque la république dégénérée fit place à l'empire. A l'exception d'Auguste, tous les empereurs furent gourmands; mais il faut le dire à la louange de ce stupide Claude, ce fut lui releva le chou, par l'amour qu'il portait au petit salé. « Pères « conscrits, s'écria-t-il un jour en entrant au Sénat, « dites-moi, je vous prie, est-il possible de vivre « sans petit salé? » Et l'honorable compagnie de répondre aussitôt en chœur : « Non! seigneur, plutôt « mourir que de se passer de petit salé. » Et de ce moment les sénateurs, pour faire leur cour à Claude, se régalèrent de petit salé aux choux. Et voilà comment la lâcheté des courtisans, si fatale aux rois, fait pourtant quelquefois revivre de bonnes choses méprisées ou tombées en désuétude. »

Maintenant rappelez-vous combien nous avons de proverbes, de locutions où le chou figure. « Faire ses choux gras » remonte, autant qu'on peut croire, à l'époque où les paysans romains qui se livraient à la culture du chou en retiraient de forts bénéfices.

Peut-être avez-vous rêvé comme but d'une laborieuse et difficile carrière de pouvoir un jour « planter tranquillement vos choux? »

A qui croyez-vous devoir la pacifique formule à l'aide de laquelle vous traduisez votre innocente ambition? Je vais peut-être vous la dépoétiser; mais, ma foi, tant pis! Eh bien! votre précurseur n'est autre que Dioclétien, le cruel destructeur des derniers privilèges du sénat romain, l'implacable persécuteur des chrétiens. Malade, lassé des agitations et des soins du pouvoir, Dioclétien, abdiquant le rang suprême, s'était retiré à Salone, — aujourd'hui Spalatro, — où il vivait en simple particulier. Pressé un jour de ressaisir le pouvoir par Maximin, qui avait été son collaborateur à l'empire, et qui ne s'accommodait pas comme lui de l'humilité et du repos, il l'emmène dans son jardin, et lui faisant admirer une magnifique plate-bande de choux : « Non, répondit-il; je n'avais jamais joui du soleil; laisse-moi me rassasier de sa belle et bienfaisante lumière; je ne vivais pas avant d'être ici; laisse-moi vivre; laisse-moi « planter mes choux ».

Dioclétien à Salone.

Ne disons-nous pas aussi, mais alors sans que le souvenir des Romains ait rien à y voir : « *Chou* pour *chou*, Aubervilliers vaut bien Paris? » Ne tenons-nous pas instinctivement en méfiance les gens qui « ménagent la chèvre et le *chou?* » Celui qui se vante un peu trop n'est-il pas, pour nous, « l'homme qui fait bien valoir ses *choux?* » Ne reprochons-nous point à tel autre d'être comme « le chien du jardinier qui ne mange point de *choux*, et qui ne veut pas qu'un autre en mange? » Et, pour finir par où j'aurais dû peut-être commencer, n'est-ce pas « sous un *chou* » que nous fûmes trouvés tous à notre arrivée dans ce monde?

Tiendriez-vous encore pour indigne d'attention l'être dont le rôle a une pareille importance? Je ne le suppose pas; mais vous ne voudriez point lui faire répéter son histoire. Demandons-lui qu'il nous entretienne de ses proches, car il a une nombreuse parenté.

« Tu as entendu, mon petit chou? (Bon! encore une locution usuelle pour laquelle il peut réclamer des droits d'auteur.) Parle, nous écoutons.

— Oui, ma famille est grande, mais c'est plus par l'utilité que par la fantaisie et le pittoresque que brille le passé de la plupart de mes frères. Vous parlerai-je du *cresson*, cette providence du marin? Vous dirai-je, pour ramener vos auditeurs là où vous les aviez conduits tout à l'heure, que, dans les rues de l'ancienne Athènes aussi bien que dans celles du moderne Paris, ils auraient pu entendre crier « la santé du corps »? Leur apprendrai-je que chez les Perses, au temps du grand Cyrus, on accoutumait les enfants à ne vivre que de pain, de cresson et d'eau? Leur rappellerai-je que, au dire de Martial, la *rave* est encore l'aliment de Romulus dans le ciel? Qu'à une époque plus rapprochée de nous, le chanoine Charron, auteur d'un livre de *la Sagesse* qui fut célèbre, avait pris pour figure de ses armoiries un *navet*, symbole de la frugalité? Leur dirai-je les services que rend aux Groenlandais le *cochlearia*, qui, en quelques jours, lorsque la neige est fondue, se développe, fleurit et fournit à ces pauvres peuples un aliment sain pour toute l'année? Leur ferai-je remarquer que la *moutarde* n'est autre que le fameux *sénevé* de la parabole évangélique, et trouveront-ils quelque intérêt à savoir que le pape Clément VII, d'orageuse mémoire, avait tant de goût pour ce condiment, qu'il comblait de faveurs ceux de ses familiers qui le lui préparaient le mieux? Nommerai-je la *roquette*, dont Pline, Théophraste, Dioscoride ont fait mention, mais seulement au point de vue de ses irritantes qualités? — Tout cela me semble assez peu divertissant. A la vérité, je n'aurais peut-être qu'à prononcer le nom de ma sœur la *giroflée* pour qu'aussitôt des idées plus riantes se réveillassent dans l'esprit de vos compagnons; mais que pourrais-je dire qu'ils ne connussent, qu'ils n'eussent chanté, alors qu'ils

... Se mêlaient aux rondes enfantines ?

« J'ai encore pour frère le *pastel*, qui peut-être fut le plus fastueusement célèbre de tous les membres de la famille; mais, hélas ! sa gloire a passé comme passeront toutes les gloires. Les anciens Bretons, qui avaient remarqué que, par la fermentation, ses feuilles donnaient un suc colorant, s'en servaient pour se teindre le visage et le corps, ce qui fit que les Romains les appelèrent *Pictes*, peints. Plus tard, au lieu d'une couleur vert sombre, on apprit à en extraire un bleu magnifique, et la teinture au pastel eut une vogue immense. En Languedoc, où la culture de cette plante était très répandue, les *pains* de pastel avaient reçu le nom de *cocagne*, et comme les habitants de cette contrée, par le seul fait de la production du pastel, vivaient dans la plus grasse et facile aisance, il s'ensuivit qu'on l'appela le *pays de Cocagne.* L'histoire serait intéressante, je crois, à vous conter des luttes qui eurent lieu, quand après la conquête des Grandes-Indes arriva l'indigo, pour se substituer au pastel. En France, en Angleterre, en Allemagne, on légiféra, on décréta contre l'intrus. On le qualifia « d'aliment du diable », de « couleur corrosive ». Il fut défendu de l'employer, puis de le mélanger en grandes proportions avec le pastel... Colbert, le grand Colbert lui-même, qui pourtant était un homme de progrès, le proscrivit encore... Mais, en dépit de cette acharnée résistance, le pastel, qui, paraît-il, avait fait son temps, dut céder la place. Aujourd'hui il n'est guère cultivé que comme plante fourragère, et il n'y a plus, dit-on, de pays de Cocagne, sinon dans l'imagination de quelques rêveurs...

— Hélas !

— Vous voyez ; loin de vous divertir, je ne fais que vous pousser à de mélancoliques réflexions. Vous ferez bien de chercher un interlocuteur plus jovial. »

Il a raison ; mais à qui nous adresserons-nous?

Vous me montrez du doigt le *bouton-d'or* qui domine, coquet et brillant, le vert velours du pré. Vous vous rappelez l'avoir maintes fois cueilli dans votre enfance, et il doit, pensez-vous, ne savoir évoquer que des idées souriantes, des souvenirs heureux. Eh bien, prions le bouton-d'or de se mettre pour nous en frais de mémoire, et même invitons-le à choisir parmi ses souvenirs ceux qui lui sembleront les plus riants.

« Vous voulez, dit-il, des souvenirs riants. Écoutez alors. Il me souvient qu'autrefois, dans les champs de la Sardaigne, croissait un bouton-d'or dont la racine avait la propriété de faire que ceux qui en avaient mangé étaient pris de convulsion des muscles du visage, et avaient l'air de rire comme des fous, tandis qu'ils éprouvaient intérieurement une grande douleur, dont ils mouraient ordinairement. De là est venue l'expression de rire *sardonien*, pour qualifier l'apparente gaieté de certaines gens. Voilà qui est drôle, ou je ne m'y connais pas.

— Heu! Mais votre racine, à vous, ne participe pas de cette étrange vertu, je suppose?

— Non. Pas le moins du monde.

— Ainsi les enfants qui se font tous une fête de vous rencontrer et qui ne savent s'empêcher de vous cueillir quand ils vous aperçoivent, pourraient croquer votre racine sans être pris de ce rire funeste?

— Oh! ils ne riraient point, je vous jure; toutefois il pourrait se faire qu'ils mourussent tout de même.

— Hein!

— C'est une idée qui nous est commune à nous autres les *renoncules*, — car vous n'ignorez pas que je m'appelle renoncule, — de ne pas aimer qu'on nous croque. Malheur à qui s'en avise!

— Oh! la méchante race!

— Méchante race, dites-vous? Je voudrais bien vous y voir, si l'on parlait de vous mettre sous la dent. Les hommes sont étonnants, parole d'honneur! Pour peu qu'on regimbe, pour peu qu'on se défende par les armes qu'on a, on est aussitôt décrété de perfidie et de cruauté. Ils ont pour principe de tout asservir, de tout immoler, de tout détruire, et toutes leurs victimes ne devraient avoir à leurs yeux que le droit de se laisser faire! Ah! mais non, par exemple! »

Qu'en pensez-vous, lecteur? Si nous brûlions la politesse à ce maussade raisonneur? Oui, allons.

Mais il crie après nous : « Eh! voyez donc, ils ne savent pas même entendre la vérité! Aux tyrans, il ne faut que des adulateurs. »

Laissons-le dire; et pour ne pas être exposés à ses violentes récriminations, poussons, si vous voulez, jusqu'à ce petit bois qui couvre le penchant du coteau.

Il nous faut pour cela rejoindre et côtoyer un instant la rivière qui glisse tranquille et profonde entre deux bordures de *roseaux*, au pied desquels se baignent les *véroniques*, les *myosotis*.

Je ne vous ferai pas l'outrage de croire que vous ignorez la charmante légende inspirée aux Allemands par le *myosotis*. Mais peut-être ne l'avez-vous jamais lue dans les termes mêmes où elle fut rendue populaire en France par le plus fougueux de nos orateurs : « Le myosotis, — écrit Mirabeau, — eût été chez les anciens le sujet d'une touchante métamorphose, peut-être moins touchante que la vérité. J'ai entendu raconter, en Allemagne, que, dans les temps anciens, deux jeunes fiancés, à la veille de s'unir, se promenaient sur les bords du Danube. Une fleur d'un bleu céleste se balance sur les vagues, qui semblent près de l'entraîner. La jeune fille admire son éclat et plaint sa destinée. Aussitôt l'amant se précipite, saisit la tige fleurie, et tombe englouti dans les flots. On dit que, par un dernier effort, il jeta cette fleur sur le rivage, et qu'au moment de disparaître pour jamais il s'écriait encore : « Aimez-moi, ne m'oubliez pas. »

Et depuis la petite fleur s'est appelée *ne m'oubliez pas*.

J'ai demandé aux étymologistes pourquoi la *véronique* s'appelle ainsi. L'un m'a répondu « du nom d'une princesse ». Me voilà bien avancé. Une princesse? laquelle, s'il vous plaît? L'autre m'apprend, avec une honnête naïveté, que c'est parce qu'elle est dédiée à sainte Véronique. Eh bien, vrai! je m'en serais douté : — dédiée, mais par qui? — A coup sûr, ce ne doit pas être par un savant en *us*, mais par quelque élan spontané de la foi populaire qui n'aura pas trouvé une aussi jolie fleur indigne d'un aussi joli baptême. Mais, soyez tranquilles, les savants en *us* n'ont pas perdu leurs droits sur elle pour cela. Arrivés trop tard pour nommer tout le groupe (car les véroniques sont nombreuses), au moins ont-ils eu l'honneur d'immatriculer celle que vous voyez sous le gracieux vocable de *beccabuaga*, un des noms qui font grincer des dents à mon ami Fernand, comme vous avez pu le voir par la tirade que je vous ai rapportée au début de notre entretien. Ah! ces savants, ces savants! c'est sur mon dos et sur celui de tous ceux qui sont attirés par la vertu poétique d'une étude qu'on les fustige. Aussi n'en vont-ils que plus résolument leur train endiablé, et il faut voir la besogne qu'ils font. Un exemple, un seul, pour que vous jugiez de leur manière d'agir.

La légende du myosotis.

Rumphius, — il s'appelait tout bonnement Rumph, comme son brave Allemand de père; mais il lui fallut absolument prendre la finale traditionnelle; laissons-la-lui ; et, en passant, avouez qu'avec un nom pareil on doit être instinctivement porté à en attribuer de charmants aux créatures du bon Dieu; — donc Rumphius, se trouvant dans une des îles Moluques, où il recueillait, étudiait et *baptisait* des plantes, en rencontre une dont les divers échantillons ne lui semblent pas accuser une constante uniformité. C'est la même plante, mais elle n'est pas dans tous les cas identiquement la même. Laquelle de ces formes est, par conséquent, la vraie, l'originale? « M'arrêterai-je à celle-ci ou à celle-là pour décrire le type? Du diable si j'en sais rien! Eh bien, attends, ma mignonne, pour t'apprendre à plonger ainsi les savants en *us* dans l'embarras, tu t'appelleras *quisqualis*. Et il l'appelle *quisqualis*. Et *quisqualis* doit, je crois, signifier, en cette occurrence, quelque chose comme « quelle est celle-là? » Attrape, plante inconstante. Ne trouvez-vous pas que la voilà bien châtiée?

Le récit que nous a fait tantôt le grand tribun a dû nous mettre en goût de métamorphoses. C'est donc le moment d'ouvrir Ovide, si nous voulons savoir comment naquit le *roseau*.

Syrinx était la plus belle des hamadryades d'Arcadie. En vain les satyres et les autres divinités champêtres avaient tâché de lui plaire. Elle avait méprisé les vœux et les hommages de tous. La chaste Diane était la déesse qu'elle honorait... et on aurait pu aisément la prendre pour Diane elle-même, si l'arc de la nymphe, qui n'était que de corne, eût été d'or comme celui de la déesse. Malgré cette différence, on ne laissait pas encore de s'y méprendre. Le dieu Pan, couronné de branches de pin, la rencontra un jour comme elle descendait du Lyncée, et lui parla ainsi : « Cédez, belle nymphe, aux vœux d'un dieu qui désire devenir votre époux... » Il voulut en dire davantage, mais Syrinx, peu sensible à ce discours, se mit à fuir; elle était arrivée déjà près du fleuve Ladon, où, se trouvant arrêtée, elle pria les nymphes ses sœurs de la recevoir. Pan, qui la suivait, voulut la saisir, mais au lieu d'une nymphe il ne saisit que des roseaux... Alors il soupira, et les roseaux agités poussèrent un son doux et plaintif. Ce dieu, touché de ce qu'il venait d'entendre, et apprenant un art qu'il ignorait, prit quelques-uns de ces roseaux d'inégale grandeur, et les ayant joints avec de la cire, il en forma cette sorte de flûte qui porte le nom de *syrinx*, — chez nous *flûte de Pan*.

Et voilà comment il se fit qu'un peu plus tard, quand le barbier du roi Midas eut déposé dans un trou le secret qu'il craignait de trahir, les roseaux se trouvèrent tout inventés pour croître au-dessus de ce trou, que le barbier avait soigneusement rebouché, et pour répéter, agités par le vent : « Midas, le roi Midas a des oreilles d'âne. »

Ce qui, par parenthèse, n'était pas fort généreux de leur part, car vous savez que Midas n'avait été affligé de ces majuscules appendices auriculaires que pour avoir préféré aux accords d'Apollon les airs que le dieu Pan modulait sur sa flûte de roseaux.

Du reste, la mythologie n'y regardait pas de si près. Quand elle alla jusqu'à imaginer un barbier discret, il faut, à mon avis, la reconnaître capable de tout, et ne pas s'étonner du discrédit où elle est tombée.

Mais ce n'est pas seulement dans la Fable que les roseaux ont joué un rôle de quelque importance, car on lit au deuxième livre de l'Exode :

« Un homme de la maison de Lévi se maria avec une fille de Lévi, laquelle eut un fils ; et voyant qu'il était beau, elle le cacha, parce que le roi Pharaon avait dit à ses officiers et à son peuple : « Jetez dans « le fleuve tous les fils qui naîtront aux Hébreux; « mais laissez vivre toutes les filles. » Or comme, au bout de trois mois, la mère de l'enfant ne pouvait le tenir caché plus longtemps, elle prit un coffret de jonc, et l'enduisit de bitume et de poix, et mit l'enfant dedans, et le posa parmi les *roseaux* sur le bord du Nil. Or la fille de Pharaon descendit au fleuve pour se baigner; et ses suivantes se promenaient sur le bord du fleuve. Et, ayant vu le coffret au milieu des *roseaux*, elle envoya une de ses servantes pour le prendre... Quand l'enfant fut devenu grand, on le ramena à la fille de Pharaon, qui dit : « Je l'appellerai Moïse, parce que je l'ai sauvé « des eaux. »

J'ai nommé le Nil, et, ma foi, je serais tenté de me croire sur ses rives, pour peu qu'un effet d'optique voulût bien élargir le lit de notre petite rivière, car voici les roseaux, et là-bas j'aperçois le *nénufar*, ce digne frère du fameux lotus dont le fleuve égyptien était couvert lorsque, au dire d'Hérodote, « il s'emplissait jusque-là de former comme une mer ».

Nénufar : ne trouvez-vous pas que ce nom, qui au reste nous vient en droite ligne du pays de Pharaon, résonne avec une sorte de sereine grandeur bien propre à donner une idée vraie de la majestueuse créature qui le porte?

Le nénufar est la plus superbe, comme aussi la plus singulière de nos fleurs. Chaque soir, pendant que le soleil se couche, elle se ferme et rentre dans les eaux pour y passer la nuit. L'aurore la fait émerger et s'ouvrir de nouveau. Rien de beau comme la surface d'une eau dormante où flottent les vastes feuilles luisantes du nénufar, et que parsèment ses coupes d'argent au fond de vermeil.

Les anciens Égyptiens, qui, épris du merveilleux, avaient remarqué le mouvement quotidien de cette fleur, pensèrent qu'entre elle et le soleil une sympathie surnaturelle existait. Le lotus fut donc par eux consacré à l'astre du jour, qu'ils figurèrent souvent au-dessus de cette fleur. Osiris, leur premier dieu, que l'on croit d'ailleurs être le soleil lui-même, était représenté avec un lotus au front. Le lotus couronnait les rois, les prêtres; il était empreint sur les monnaies. Nous le voyons sur les obélisques. On en tatouait ou peignait l'image sur le corps des momies.

Pour aller du grand au petit, je puis vous dire que j'ai, moi, un souvenir très intime du nénufar, notre lotus. La première fois que j'en vis, — j'étais alors dans toute la jeune ardeur de mon noviciat botanique, — je n'hésitai pas à me mettre à la nage pour aller m'en emparer; et je sais que, m'étant embarrassé dans les longues tiges qu'il déploie pour apporter ses feuilles et ses fleurs au-dessus de l'eau, tandis que gisent au fond ses lourdes racines charnues, peu s'en fallut que je ne fusse dès lors empêché de vous affirmer aujourd'hui que je ne lui garde pas la moindre rancune du mauvais tour qu'il aurait bien pu me jouer.

Il me souvient que je revins au bord avec une fleur attachée à une tige qui ne mesurait guère moins de trois mètres; encore n'étais-je pas allé, en plongeant, la détacher au ras de la souche d'où elle partait; et je sais que cet étrange et innocent trophée ne me sembla pas alors trop cher payé du danger que j'avais couru. Peut-être aujourd'hui, — que d'ailleurs je n'ai plus besoin d'aller voir, pour le savoir, comment les nénufars sont installés dans leur élément, — peut-être réfléchirais-je à deux fois avant de leur rendre une pareille visite; mais c'est tant pis pour moi en somme! La circonspection est une saine, mais froide chose: elle conserve, mais elle glace. Je ne le sais que trop, car plus d'une fois déjà je me suis surpris soupirant: « Où est le temps où je m'exposais gaiement pour un nénufar? »

Et pourtant ce nénufar lui-même pourrait devenir chez nous le symbole de la prévoyance, s'il faut en croire un naturaliste, et voici comment: la feuille du nénufar sort du collet des racines dès les premiers jours de l'automne. Elle reste très petite et totalement roulée au fond de l'eau pendant toute cette saison et la suivante. Aux approches de la belle saison, elle commence à grandir et à se dérouler peu à peu. Son pétiole, d'abord à peine sensible, s'allonge, monte insensiblement à mesure que le temps s'échauffe, restant à son point dès qu'il survient quelque refroidissement dans l'atmosphère, jusqu'à ce qu'enfin, les beaux jours du mois de mai ramenant d'une manière durable la chaleur printanière, elle parvient d'abord à fleur d'eau, puis se déploie à la surface. Cette apparition des feuilles du nénufar n'a si bien lieu qu'après que les gelées sont totalement passées, que plusieurs jardiniers l'attentendent pour sortir en toute assurance les orangers de la serre. Notre naturaliste affirme que, dans le courant de septembre 1788, se promenant le long d'un étang, dans lequel croissaient beaucoup de nénufars, il fut surpris de voir qu'il n'en paraissait plus aucune feuille hors de l'eau, quoiqu'il y en eût vu ordinairement jusqu'à la fin d'octobre. Il présuma que les gelées auraient lieu de très bonne heure, et que l'hiver serait rude. Et Dieu sait que l'événement confirma son pronostic, car l'hiver de 1788-1789, qui commença de sévir le 24 novembre, est un des plus rigoureux dont on ait souvenance. (A Paris, le thermomètre descendit à 22 degrés, et les oliviers, les grenadiers de la Provence périrent presque tous.)

Je déclare donc, pour ma part, que j'aimerais que des observations fussent faites pour vérifier la valeur de cette assertion; car si on arrivait à la reconnaître fondée, au lieu de voir à chaque automne et à chaque printemps les indices précurseurs de la température prosaïquement enregistrés dans les journaux au compte du passage des grues, des oies et des canards sauvages, peut-être lirions-nous : « L'hiver sera doux, puisque les nénufars n'ont pas encore disparu sous les eaux. » Ou bien : « On peut regarder les beaux jours comme définitivement arrivés, puisque les nénufars ont quitté leurs derniers quartiers d'hiver. »

Mais « allons au bois », car nous devons faire certainement là plus d'une rencontre. Nous trouverons, à n'en pas douter, le *fraisier*, à qui l'illustre Linné dut la guérison d'une goutte obstinée, et à qui Fontenelle, le spirituel centenaire, prétendait devoir sa verte longévité; le fraisier, dont je vous engage à chercher l'histoire dans le livre charmant dont *Paul et Virginie* n'était d'abord qu'un épisode. Bernardin de Saint-Pierre avait formé le dessein d'écrire une histoire générale de la nature; et il disposait déjà toutes les parties de cet immense et présomptueux travail, lorsqu'un pauvre petit fraisier qui végétait sur sa fenêtre attira son attention. Le poète philosophe observe son fraisier, — lisez, je vous en prie, le récit de ses observations; — mais vous l'avez lu, et vous savez qu'il conclut que la description, l'étude d'une seule plante pourraient absorber l'existence de plusieurs hommes; et, ainsi rappelé à lui, il ne médite plus que les *Études de la nature*, sorte de modestes essais qui n'en sont pas moins une des plus belles hymnes d'admiration qui aient jamais été entonnées à la louange du sublime Ouvrier qui fit le soleil et le brin d'herbe.

Nous trouverons aussi, je pense, la *germandrée*, qui, déjà célèbre à l'époque du siège de Troie (puisqu'elle reçut alors le nom de Teucrium, frère d'Ajax), resta en réputation jusqu'à ce qu'elle eût été déclarée impuissante à guérir Charles-Quint, qui en avait pris pendant deux mois. Peut-être verrons-nous l'*origan*, ou, si vous aimez mieux, la *marjolaine*, dont le nom si harmonieux est venu prendre place dans maint et maint refrain :

> Qui est-ce qui frappe ici si tard ?
> Compagnon de la marjolaine.

Les anciens la connaissaient, qui l'avaient nommée *amaracus*, en l'honneur d'un beau jeune homme qui mourut de douleur pour avoir renversé un vase de précieux parfum. Le fameux, le divin *dictame* avec lequel Vénus guérit la blessure de son fils Énée est une marjolaine, dont les vertus furent, dit-on, révélées aux hommes par les cerfs, qui, s'ils étaient blessés par les chasseurs, allaient en manger quelques feuilles, et se trouvaient aussitôt délivrés des flèches plantées dans leur corps. Peut-être rencontrerons-nous encore quelque *muguet* en fleur.

Ah! pour quiconque l'a une fois cueilli et respiré par un beau jour de mai, il ne saurait y avoir de plus frais, de plus riant souvenir : chez moi il éveille en outre la mémoire d'une naïve chansonnette dont il est le héros, et que chez nous s'en vont redisant les « bachelettes, filant leur quenouillette en paissant leurs blancs moutons. » Voulez-vous que je vous la dise? — Oui, nous n'en irons que plus gaiement notre chemin.

Belle s'en fut au bois joli;
Muguets fleuris elle *trouvit.*
Au bois joli,
Muguets sont fleuris.
Muguets fleuris
Sont au bois joli.

Et quand muguets furent cueillis,
Belle aussitôt s'en *couronnit.*
Au bois joli,
Muguets sont fleuris.
Muguets fleuris
Sont au bois joli.

Le roi, passant, la *rencontrit :*
« Belle, je serai ton mari. »
Au bois joli,
Muguets sont fleuris.
Muguets fleuris
Sont au bois joli.

Puis à Paris il l'*emmenit*
Dans son château tout d'or bâti.
Au bois joli,
Muguets sont fleuris.
Muguets fleuris
Sont au bois joli.

Vous ne vouliez pas le croire quand on vous disait qu'on « vit des rois épouser des bergères ». Oserez-vous en douter maintenant? Aurez-vous l'irrévérence de contredire la mignonne conteuse qui vous l'affirme de par l'autorité de son mignon refrain tout en fleurs ? Et...

Comme j'en suis là du récit de notre fictive excursion (que je me promettais de pousser bien plus loin, car je n'ai littéralement fait qu'entr'ouvrir les chroniques du monde végétal), la porte s'ouvre. J'ai reconnu le pas : c'est mon ami Fernand. Je savais bien qu'il n'était pas perdu. Les fouilles sont achevées, gare les vieux sous!... respectons sa manie, cependant. — Mais que vois-je, est-ce bien lui? Il est blême, décharné, il marche courbé, et, qui plus est, il tient une fleur, un véritable échantillon d'herbier à la main. Je ne le reconnais plus; on me l'aura changé.

« Çà! d'où sors-tu? Qu'est-ce que cela signifie? »

Mais il pose la plante à moitié desséchée devant moi, et il me dit avec une impatience effarée :

« Comment s'appelle cette fleur? dis-moi son nom.

— Qu'en veux-tu faire?

— Son nom. Parle.

— Lequel? le latin ou le français?

— Celui que tu voudras.

— Je te préviens que son nom latin n'est rien moins

qu'harmonieux, encore qu'il vienne directement du grec.

— Quel qu'il puisse être, je trouverai que les anges n'en ont pas de plus doux.

— Tu l'ordonnes : *glechoma hederacea;* en français, *gléchome à feuilles de lierre,* et chez l'herboriste du coin : *lierre terrestre.*

— Lequel, n'est-ce pas? est reconnu, réputé, acclamé pour un spécifique souverain dans un grand nombre de graves affections.

— Heu! oui, autrefois, — à ce qu'on dit.

— Comment! autrefois? »

Et Fernand, qui a posé une de ses mains amaigries sur mon épaule, me secoue avec une fiévreuse indignation :

« Mais autrefois comme aujourd'hui, entends-tu bien? et aujourd'hui comme autrefois, je suis là pour en rendre témoignage, moi, qui ai réchappé du...

— Du tombeau?

— Ne ris pas, sans lui j'y serais, mon cher. Pris de je ne sais quoi dans un hameau, à cinq ou six lieues de toute civilisation, me voilà alité, oppressé, torturé, incapable de dire : « Soignez-moi; » plus qu'un souffle à rendre, quoi! Mais une bonne vieille vient : « Faites-lui boire de la *terrette.* — C'est ainsi qu'on l'appelle là-bas, cette chère petite plante, — beaucoup de *terrette,* rien que de la *terrette.* » Ah! j'en ai bu, va!

— Et la *terrette* t'a sauvé! Et, grâce à elle, te voilà, je parie, réconcilié avec les autres plantes. Tu comprends maintenant qu'on les recherche, qu'on les aime...

— Qu'on les adore! Païen, je dresserais un autel à la *terrette.*

— Je le comprends. Mais alors mon plaidoyer devient inutile, je n'ai plus qu'à le jeter au feu.

— Quel plaidoyer?

— Celui-là. » Et je lui montre les feuillets épars sur ma table. Puis, pendant qu'il les parcourt : « Tu vois comment je t'y traite. Il ne serait donc pas généreux à moi de publier cela, puisque tu t'amendes.

— Publie quand même : il y a sans doute d'autres incrédules à convaincre.

— Maïs les convaincrai-je? »

Fernand, le convaincu, répond : « Oui! »

Si vous alliez dire : « Non!... »

LA

LÉGENDE DES ARBRES

L'esprit humain est vraiment sujet à d'étranges révolutions.

Mon ami Fernand, numismate frénétique et intolérant dans sa manie, comme la plupart des gens à manie, n'admettait pas que je pusse trouver quelque plaisir, moi botaniste amateur, à la recherche, au classement, à la conservation des plantes.

J'avais beau lui démontrer que ce n'était pas là pour moi affaire de pure nomenclature, et que la plupart de ces brins d'herbe, relégués par lui au grenier à fourrage, non seulement avaient à mes yeux le mérite de représenter des classes, des genres, des espèces, mais encore celui de m'apporter maint souvenir intéressant.

Fernand, un jour qu'il m'avait tout à son aise foudroyé de son mépris pour mes chères herbettes, me quitta afin d'aller au fond de quelque province assister à des fouilles où l'amateur de médailles pensait trouver son compte.

Il était tombé malade là-bas : il s'était vu ou cru à la veille du jour sans lendemain; une commère l'avait sauvé en le gorgeant de l'infusion d'un innocent végétal; et, en conséquence du service particulier à lui rendu par une petite plante, notre homme se déclarait pleinement gagné à la cause, pour ne pas dire au culte des plantes en général.

Or en voici bien d'une autre à présent : mon maniaque, qui ne pouvait passer par instinct que d'un excès à l'autre, est toujours prêt aujourd'hui à s'entretenir exclusivement et respectueusement du grand peuple végétal; et pourtant nous ne nous entendons pas mieux qu'autrefois.

« Comment donc?

— Je m'explique. En botanique, ou plutôt en dilection des plantes, j'aime à déclarer (et il n'y a pas, je crois, de honte à risquer un tel aveu) que j'appartiens à l'école de Jean-Jacques, lequel disait, dans cette langue si simplement incisive et pénétrante qui en a fait le plus puissant de nos écrivains penseurs : « Une chose contribue à éloigner du règne végétal l'attention des gens de goût : c'est l'habitude de ne chercher dans les plantes que des drogues et des remèdes. Théophraste s'y était pris autrement, et l'on peut regarder ce philosophe comme le seul botaniste de l'antiquité. Aussi n'est-il presque point connu parmi nous. Mais, grâce à un certain Dioscoride, grand compilateur de recettes, et à ses commentateurs, la médecine s'est tellement emparée des plantes transformées en *simples*, qu'on n'y voit que ce qui n'y est point, savoir les prétendues vertus qu'il plaît au tiers et au quart de leur accorder. On ne conçoit point que l'organisation végétale puisse par elle-même mériter quelque attention. Des gens qui passent leur vie à arranger savamment des coquilles se moquent de la botanique comme d'une étude inutile quand on n'y joint pas, comme ils disent, celle des *propriétés*, c'est-à-dire quand on n'abandonne pas l'observation de la nature pour se livrer uniquement à l'autorité des hommes... Arrêtez-vous dans une prairie émaillée à examiner successivement les fleurs dont elle brille, ceux qui vous verront faire, vous prenant pour un *frater* (chirurgien de campagne), vous demanderont des herbes pour guérir la gourme des enfants, la galle des hommes et la morve des chevaux... On raconte qu'un bel esprit de Paris, voyant à Londres un jardin de curieux plein d'arbres et de plantes rares, s'écria pour tout éloge : « Ah! le beau « jardin d'apothicaire ! » A ce compte le premier apothicaire fut Adam, car il n'est pas aisé d'imaginer un jardin mieux assorti de plantes que celui d'Éden.

« Ces idées médicinales... flétrissent l'émail des prés, l'éclat des fleurs, dessèchent la fraîcheur des bocages, rendent la verdure et les ombrages insipides et dégoûtants. Toutes ces structures charmantes et délicieuses intéressent fort peu quiconque ne veut que piler tout cela; et l'on n'ira pas chercher des guirlandes pour les bergères parmi des herbes pour les... *remèdes*.

« Toute cette pharmacie ne souille point mes images champêtres; rien n'en est plus éloigné que des tisanes et des emplâtres. J'ai souvent pensé, en regardant de près les champs, les vergers, les bois..., que le règne végétal était un magasin d'aliments donnés par la nature à l'homme et aux animaux;

mais jamais il ne m'est venu à l'esprit d'y chercher des drogues... Je sens même que le plaisir que je prends à parcourir les campagnes serait empoisonné par le sentiment des infirmités humaines, s'il me laissait penser à la fièvre, à la pierre, à la goutte et au mal caduc. Du reste, je ne disputerai point aux végétaux les grandes vertus qu'on leur attribue. Je dirai seulement qu'en supposant ces vertus réelles, c'est malice pure aux malades de continuer à l'être; car, de tant de maladies que les hommes se donnent, il n'y en a pas une seule dont vingt sortes d'herbes ne guérissent radicalement. »

Ainsi s'exprime le philosophe. La citation est peut-être un peu longue; mais, outre que le charme du style a dû vous en faire oublier l'étendue, vous comprendrez que je n'étais pas fâché de trouver à abriter ma propre façon de voir sous une semblable autorité. Or mon ami Fernand, soi-disant réchappé de la plus périlleuse extrémité par le suc d'une pauvre petite herbe, peut prendre place au premier rang parmi ces gens auxquels Rousseau attribue le discrédit de la plus aimable des sciences. Pour lui, les végétaux se distribuent surtout en *émollients, toniques, vulnéraires, purgatifs, tempérants, etc...* Et voilà ce qui nous sépare. A vrai dire, je serais tout disposé à me relâcher sensiblement du rigorisme antimédicinal professé par mon illustre maître, qui avait des raisons plausibles ou imaginaires pour tenir en défiance les hommes en général et les empiriques en particulier. J'avoue que dans une certaine mesure, et même pour en avoir personnellement éprouvé les heureux effets, je suis tout disposé à reconnaître les vertus spécifiques de tel ou tel citoyen du monde végétal, auquel par ce fait se rattache parfois quelque marquant souvenir historique ou légendaire; mais de là à ne plus m'approcher d'une plante que pour lui faire subir une sorte d'interrogatoire pharmaceutique, la distance est grande, n'est-ce pas? Et c'est à quoi l'intraitable Fernand voudrait me contraindre. Le procès qui avait semblé un moment terminé est donc de nouveau mis en instance, et, ma foi, je m'avise encore de le faire revenir devant vous qui m'avez été bons juges.

Peut-être, dans votre louable impartialité, m'objecterez-vous qu'une cause ne saurait être bien entendue s'il n'y a débat contradictoire, où chaque adversaire fait librement valoir ses meilleurs arguments. Sans doute: qui n'entend qu'une cloche n'entend qu'un son.

Et à la rigueur il faudrait que mon contradicteur fût entendu concurremment avec moi.

Mais qu'à cela ne tienne; car, si depuis qu'écrivait Rousseau les idées se sont quelque peu modifiées dans certaines régions scientifiques, il n'en a pas été ainsi dans le reste du monde.

Si Fernand n'argumente pas ici même, — ce à quoi je ne verrais pour ma part aucun inconvénient, — assez de livres et de gens se trouveront certainement autour de vous pour soutenir la thèse contraire à la mienne, et je suis sûr d'avoir affaire à nombreuse partie.

J'engage donc le débat malgré l'irrégularité de forme juridique; et d'ailleurs le hasard ayant fait que dans le cours de ma précédente plaidoirie j'ai cherché mes exemples dans les seules annales des *herbes*, cette fois ce sera seulement le passé des *arbres* (et arbustes) que j'interrogerai. Vous voyez que j'agis généreusement, puisque de gaieté de cœur, au moment d'entrer en lutte, je renonce de moi-même à une partie de mes avantages.

Nous voilà donc en séance, ou, pour mieux dire, nous voilà partis; car vous savez qu'en véritables péripatéticiens[1], c'est en nous promenant à travers champs que nous avons tenu l'audience une première fois, et nous n'avons, je crois, aucune raison pour procéder autrement la seconde.

Allons!... sortons de la ville.

C'est fait!

Or le premier chemin que nous suivons hors des faubourgs est bordé de *peupliers*.

Arrêtons-nous donc, car nous voilà dès maintenant en présence d'un de nos héros, et non pas un des moins fameux.

Populus (peuple) est son vieux nom, que nous avons fidèlement conservé. (Dans quelques-unes de nos provinces même on dit un *peuple*, pour un peuplier.) — Pourquoi cette appellation démocratique? — Parce que dans l'ancienne Rome, répondent les uns, cet arbre majestueux décorait ordinairement les lieux publics; — parce que son abondant feuillage, disent les autres, est dans un mouvement perpétuel, comme un grand peuple qui s'agite sans cesse. — J'aime mieux cette étymologie.

Salut donc à l'arbre du peuple, en tant qu'il voudra bien ne symboliser que la force fraternelle et l'union digne; mais ne dédaignons pas pour cela la poétique origine de ce beau végétal. C'est Ovide qui nous la fera connaître.

[1] Mot formé de *péri*, autour, et *patéin*, marcher, parce que les disciples d'Aristote recevaient leurs leçons en allant et venant dans les magnifiques jardins du Lycée.

Phaéton, dont vous savez l'histoire, vient d'être foudroyé par Jupiter. Son corps est tombé dans l'Éridan (aujourd'hui le Pô). Les nymphes du fleuve, après lui avoir rendu les derniers devoirs, mettent sur son tombeau cette épitaphe : « Ci-gît Phaéton, « qui conduisit autrefois le char de son père le « Soleil; la beauté d'une entreprise si noble et si « hardie le justifie du malheur qui l'a suivie. »

« Cependant, continue le poète, le Soleil, accablé de douleur, se cache et reste un jour entier sans éclairer le monde... Clymène, mère de Phaéton, s'arrête près du tombeau qui tient enfermé les os de son fils, mouille de ses larmes le marbre qui porte son nom et tâche de l'échauffer en l'embrassant. Les Héliades (les trois sœurs de Phaéton) joignent leur désespoir à la douleur maternelle; elles se meurtrissent la poitrine... Attachées nuit et jour au tombeau de leur frère, elles prononcent sans cesse le nom de leur cher Phaéton, qui ne peut plus les entendre. Quatre mois s'écoulent, et leur peine, devenue habitude, est encore aussi vive qu'au premier moment; lorsque enfin Phaétuse, qui est l'aînée, voulant s'asseoir à terre, sent ses genoux se raidir, elle jette un cri, et la belle Lampétie, qui veut la secourir, ne peut s'approcher d'elle, car ses pieds sont devenus des racines; la troisième, désespérée du malheur de ses sœurs, lève les mains pour s'arracher les cheveux et ne saisit que des feuilles. L'une se plaint que ses jambes ne sont plus que le tronc d'un arbre; l'autre voit ses bras se changer en branches; elles sentent l'écorce couvrir tout leur corps; elles n'ont déjà plus que la bouche qui ne soit pas enveloppée, et elles appellent leur mère. Mais, hélas! quel secours peut-elle leur donner? Elle va tantôt à l'une, tantôt à l'autre de ses filles : elle les embrasse, tandis qu'il lui est encore permis de les embrasser.

« En vain elle s'évertue à les dégager des racines qui les tiennent attachées, elle n'arrache que des branches encore tendres et elle en voit sortir des gouttes de sang : « Épargnez-nous, ma mère! s'écrient-elles, épargnez-nous! les efforts que vous faites sont autant de cruelles blessures dont vous nous déchirez. Adieu! chère mère, adieu pour toujours. » Telles sont leurs dernières paroles : l'écorce qui achève de les recouvrir leur ferme la bouche à jamais. Mais elles continuent encore à pleurer, et les larmes qui coulent de leurs branches deviennent autant de grains d'ambre. L'Éridan les reçoit, et c'est là qu'on les recueille pour en faire l'ornement des dames romaines. »

A cette première et touchante scène de tendresse fraternelle joignons l'image de Cycnus, l'ami de Phaéton, qui, laissant les pays où il commande, où il est honoré, vient à son tour faire retentir de ses cris de douleur les rives du fleuve, et qui tout à coup sent sa voix s'affaiblir, ses cheveux se transformer en plumes, son cou s'allonger, ses doigts s'attacher par une membrane rougeâtre. Ce n'est plus le prince d'Étrurie, c'est un cygne qui, se ressouvenant toujours de la foudre dont Jupiter a frappé son ami, ne veut désormais habiter, dans sa haine pour le feu, que l'élément qui lui est le plus contraire.

Le tableau est complet, n'est-ce pas? A la fois grandiose, triste et charmant. Ces arbres échevelés qui pleurent de précieuses larmes dans les flots du fleuve; cet ami inconsolable qui, sous la pure livrée

Les Héliades changées en peupliers.

du deuil ingénu, erre sans cesse à la surface de cette onde où le corps de son ami est tombé : où trouver plus saisissante élégie? comment imaginer plus pieuse commémoration des plus nobles sentiments? Eh bien, le croiriez-vous? ce n'était pas à notre siècle impitoyablement gouailleur qu'était réservé de ravaler, avec tant d'autres fraîches créations, cette douce fiction du cœur. Non, l'antiquité elle-même a voulu s'en donner la satisfaction. Écoutez Lucien, le rhéteur homme d'esprit (on ne saura jamais tout le mal qu'ont fait les hommes d'esprit dans le monde moral) :

« Persuadé, dit-il, des merveilles que j'entendais chanter à tous les poètes, je me promettais, si quelque jour je visitais les bords de l'Éridan, d'aller tendre le pan de ma robe sous l'un de ces arbres, afin d'y recevoir ces larmes de prix. Or il n'y a pas longtemps qu'étant allé dans ce pays pour un tout autre objet, je n'aperçus ni ambre ni peupliers. Le nom de Phaéton n'était pas même connu des habitants. Je résolus en conséquence de m'en informer. Je demandai aux bateliers avec qui je remontais le fleuve si nous allions bientôt arriver aux peupliers qui distillent de l'ambre. Ils se mirent à rire, et me prièrent de leur expliquer ce que je voulais dire. Alors je leur racontai l'histoire de Phaéton, fils du Soleil, précipité du ciel un jour qu'il voulut conduire le char de son père; pleuré par ses sœurs changées en peupliers, et dont les larmes sont des grains d'ambre, etc...

« — Quel est donc, me dirent-ils, le menteur qui vous a fait ces contes? Nous n'avons jamais vu de cocher tomber ici de son siège, et nous ne savons pas où sont ces peupliers. Croyez-vous que si nous les possédions, au lieu de nous fatiguer à ramer pour une obole, nous ne saurions pas nous enrichir en recueillant ces larmes? »

« J'éprouvai un chagrin assez vif; il me semblait qu'on m'eût arraché des mains l'ambre, que je croyais déjà tenir, et dont je me proposais de faire bon usage. J'espérais du moins trouver les cygnes, qui, d'après les poètes, se rassemblent en grand nombre et chantent sur les rivages de l'Éridan.

« J'interrogeai de nouveau mes bateliers... Ils éclatèrent encore de rire.

« — Jusqu'à quand, me dirent-ils, calomnierez-vous notre pays et notre fleuve? Nous voyons quelquefois, à la vérité, des cygnes s'abattre dans les marécages des environs; mais ils ont une voix si agréable, que les geais et les corbeaux pourraient en comparaison passer pour des sirènes. »

Et voilà comment, en les rapprochant méchamment de la brutale réalité, on immole les rêves consolants. Vous l'avez entendu, le sceptique beau diseur : « Nous n'avons jamais vu de *cocher* tomber ici de son siège. » Un cocher! le fils, le propre fils de Phœbus-Apollon, un cocher! Ah! vraiment nos illustres coupletiers, grands démolisseurs de statues olympiennes, n'auraient pas trouvé mieux...

Mais n'excitons pas leur dépit; ils iraient encore lancer quelque malencontreux pavé dans la gracieuse galerie. Retournons à nos poètes.

C'est à l'ombre du peuplier qu'Horace aimait à sentir couler doucement la vie :

« Tu sais, écrit-il à Dellius, tu sais ce délicieux endroit où les pins sombres et le blanc peuplier entrelacent leurs rameaux au-dessus de la source dont les eaux tremblotantes coulent à flots légers. Fais porter là du vin, des parfums, des roses... » Le *blanc* peuplier (alba populus), dit le poète, ce n'est plus alors de l'arbre des Héliades qu'il s'agit, mais de l'arbre d'Hercule (peuplier *ypréau*), car on en attribuait la découverte à ce héros. On dit que, lors de sa descente aux enfers, il se ceignit la tête avec les branches de cet arbre, qu'il trouva au bord de l'Achéron, et dont les feuilles étaient alors blanches des deux côtés ; mais la face extérieure de ces feuilles fut brunie par la fumée du séjour infernal, tandis que la face qui touchait au front du dieu resta blanche. De là la coutume établie chez les anciens de se couronner de peuplier blanc quand ils offraient un sacrifice à Hercule; de là aussi les rameaux de peuplier dont les athlètes se paraient le front, pensant imposer davantage quand ils se présentaient avec le symbole de la force.

Mais nous avons dit que ce peuplier s'appelait chez nous *ypréau;* pourquoi? Tout bonnement parce qu'il est cultivé plus particulièrement aux environs d'Ypres, ville de Belgique, et peut-être aussi parce qu'il donne lieu, dans ce pays, à un usage qui vaut bien d'être rapporté.

« Là, lorsqu'une fille vient au monde, son père, pour peu qu'il possède quelques terres, lui assure sa dot le jour de sa naissance, en plantant un millier de petits ypréaux, qui grandissent en même temps qu'elle; en sorte que cette fille, à l'âge de vingt ans, sans déposséder en rien sa famille, se trouve propriétaire de vingt à trente mille francs qui servent à la marier... »

Ce n'est plus de la mythologie cela, c'est de la sage économie paternelle. Il y a du bon partout.

Notre allée de peupliers nous a conduits aux bords

d'un ruisseau où le saule et l'aune marient leurs feuillages.

Nous voici en plein Virgile, et l'on pourrait, ce me semble, être plus mal tombé. Vous savez la suave image de la fameuse églogue : « Galatée, la folâtre jeune fille, me jette une pomme et s'enfuit vers les *saules,* et avant de se cacher désire être vue. »

Vous n'avez pas oublié non plus la fraîche comparaison du poète dans ses consolations à Gallus : « Ami, cher ami, pour qui ma tendresse croît tous les jours autant qu'au printemps croissent les verdoyantes ramures de l'aune. »

Depuis que le chantre d'Énée s'exprimait ainsi, l'aune, d'ailleurs, regardé comme une sorte d'arbre fatidique par les anciens Germains, a trouvé une grande célébrité dans les traditions populaires; la puissante poésie de Gœthe, en brodant magistralement un vieux thème, a rendu immortelle la terrible fiction du *roi des Aunes,* qui prend les enfants jusque dans les bras de leurs pères. Le saule, lui, avait acquis sa célébrité bien des siècles avant que naquît Virgile. L'éloquent *Super flumina Babylonis*.... est dans toutes les mémoires : « Nous nous sommes assis au bord des fleuves de Babylone et nous y avons pleuré, nous souvenant de Sion. Nous avons suspendu nos harpes aux *saules* du rivage... »

Ce saule, que les botanistes ont eu le bon goût de nommer, en considération de ce poétique souvenir, *saule de Babylone*, nous le connaissons tous; symbole de tempérance chez les anciens, qui en jonchaient leurs couches et s'en couronnaient dans différentes cérémonies, il est resté pour nous l'emblème de la mélancolie et de la rêveuse affliction.

Il est le *pleureur* majestueux de nos tombeaux. Il s'est longtemps penché sur les cendres de Rousseau, aux fraîches rives d'Ermenonville, et l'auteur de *Rolla* disait :

Mes chers amis, quand je mourrai,
Plantez un saule au cimetière :
J'aime son feuillage éploré ;
La pâleur m'en est douce et chère,
Et son ombre sera légère
A la terre où je dormirai.

Mais quelle est cette voix déchirante qui trouble le silence du soir? Ne la reconnaissez-vous pas? c'est l'accent fatalement prophétique de la pure et touchante épouse d'Othello, de cette infortunée Desdémone, qui, la mort dans le cœur, redit, funeste présage, la vieille ballade gaélique :

La pauvre enfant était assise et soupirait
(Chantez tous le saule vert!)
Sa main sur son cœur, sa tête sur ses genoux,
(Chantez le saule, le saule, le saule!)
Le frais ruisseau coulait près d'elle, et par son murmure
Répétait ses gémissements.
(Chantez le saule, le saule, le saule!)
Ses larmes amères coulaient de ses yeux et amollissaient les pierres...
(Chantez le saule, le saule, le saule!)

Ne vous semble-t-il pas assez illustre ainsi, le dolent témoin des peines d'Israël? Demandez-lui alors le dénouement de la grande épopée moderne ; dites-lui de vous raconter comment finit celui

... Qui, pareil à l'antique Encelade,
Du trône universel essaya l'escalade,
Qui vingt ans entassa,
Remuant terre et cieux avec une parole,
Wagram sur Marengo, Champaubert sur Arcole,
Pélion sur Ossa.

Dans le fond d'un vallon triste et désert,

Sur un écueil battu par la vague plaintive,

là-bas, bien loin, au sein de l'immensité bleue, il surgit un jour pour devenir légendaire, le saule au pied duquel devait trouver le repos l'homme-géant qui tant agita le monde. Le voyageur ne s'éloignait jamais sans lui dérober une des branches de cet arbre, et le poète disait aux mânes du héros :

Hélas! hélas! garde ta tombe,
Garde ton rocher écumant,
Où, t'abattant comme la bombe,
Tu vins tomber tiède et fumant.
Garde ton âpre Sainte-Hélène,
Où de ta fortune hautaine
L'œil ébloui voit le revers;
Garde l'ombre où tu te recueilles,
Ton *saule* sacré, dont les feuilles
S'éparpillent dans l'univers.

(V. Hugo.)

Mais quittons les bords de notre ruisseau et gagnons la colline boisée. Voyez-vous au-dessus du taillis s'élancer, svelte et gracieux, un arbre qui porte haut ses ramures flexueuses et dont le tronc semble comme passé à la chaux.

« N'est-ce pas le bouleau?

— Oui, c'est le bouleau, autrefois nommé *arbre de sagesse*.

— Pourquoi ce beau nom ?

— Oh! ne vous hâtez pas trop de conclure de la beauté de cette appellation, car vous auriez à décompter. Par arbre de sagesse, vous devez entendre (le croiriez-vous?) non celui qui inspire ou symbolise la sagesse, mais celui qui sert à châtier les coupables, et qui, par conséquent, est censé concourir à les rendre sages. Cela fait bien, je crois, quelque différence. »

« Le bouleau, dit Pline, se fait admirer, par la blancheur et la finesse de son écorce. » Nous savons, en effet, que les vieux Gaulois employaient cette fine écorce en guise de papier pour écrire, et l'on prétend qu'on voit encore dans certains cabinets de curieux quelques-uns de ces manuscrits. Le naturaliste latin ajoute : « Il épouvante par les verges qu'il fournit aux magistrats. » Et depuis que Pline écrivait, presque jusqu'à nos jours cette redoutable célébrité du bouleau n'a fait, comme on dit, que croître et embellir. Les verges justicières remplissaient trop bien leur but aux mains des bourreaux, pour que la dure pédagogie du moyen âge manquât à s'en emparer; et Dieu sait combien de générations ont acquis à l'école la « sagesse » de par la haute vertu du bouleau : sans préjudice, bien entendu, des services que lesdites verges ont continué à rendre comme instrument de justice ou de simple police; car autrefois, outre qu'on se servait des brindilles flexibles de cet arbre pour infliger certaine fustigation aux criminels, c'était encore de branches de bouleau qu'on armait les *sergents* préposés à contenir la foule, les jours où un spectacle quelconque appelait les badauds dans les rues. « Furent faites, dit un compte municipal de 1460, douze *boulayes* (bâtons de bouleau), qu'il convint avoir pour faire serrer le grand nombre de peuple qui avoit été à l'exécution. » Pour peu donc qu'il unisse l'orgueil à la cruauté, sire bouleau peut se flatter d'avoir surabondamment *caressé* l'épiderme aux vilains, et, s'il précisait bien ses souvenirs, peut-être même trouverait-il qu'un plus marquant honneur lui incomba une fois.

C'était à l'entrée solennelle que fit à Paris la trop fameuse Isabeau de Bavière, femme de Charles VI.

« L'an mil trois cent quatre-vingt et neuf, raconte le vieux chroniqueur Juvénal des Ursins, le roy voulut que la reyne sa femme entrast (fit son entrée officielle) à Paris [1], et ce il fit notifier et savoir à ceux de la ville, afin qu'ils se préparassent. Et y avoit en chaque carrefour diverses histoires, et fontaines jetant eaüe, vin et laict. Ceux de Paris allèrent au devant, avec le prévost des marchands, à grande multitude de peuple criant *Noël!* Le pont par où elle passa estoit tout tendu d'un taffetas bleu à fleurs de lis d'or. Et y avoit un homme assez leger habillé en guise d'un ange, lequel, par engins bien faits, vint des tours de Notre-Dame, à l'endroit dudit pont, et entra par une fente de ladite couverture que la reyne passoit, et luy mit une belle couronne sur la teste; et puis, par les machines qui estoient faites, fut retiré par ladite fente, comme s'il s'en retournait de soy-même au ciel. Devant le grand Chastelet avoit un beau lict (estrade) tout tendu et bien orné de tapisserie d'azur..., et au milieu avoit un cerf bien grand, tout blanc, fait artificiellement, les cornes dorées et une couronne d'or au col; et il y avoit un homme qu'on ne voyoit pas qui luy faisoit remuer les yeux, les cornes, la bouche et tous les membres... Et sur le lict, près le cerf, y avoit une grande espée toute nue, belle et

1 L'entrée solennelle des souverains dans leur capitale était une cérémonie en quelque sorte obligée, qui consacrait matériellement, si l'on peut ainsi dire, la prise de possession du royaume.

A l'entrée d'Isabeau de Bavière.

claire; et quand ce vint à l'heure que la reyne passa, celuy qui gouvernoit le cerf, au pied de devant dextre (droit) lui fit prendre l'espée, et la tenoit haute et la faisoit trembler.

« Au roy fut rapporté qu'on faisoit lesdits préparatoires; il dit à Savoisy, qui estoit un de ceux qui estoient le plus près de luy (un de ses familiers) : « — Savoisy, je te prie que tu montes sur un bon cheval, et je monterai derrière toi, et nous nous habillerons tellement qu'on ne nous connoistra point; et allons voir l'entrée de ma femme (Charles VI avait alors vingt et un ans).» Et combien que Savoisy fist bien tout pour le démouvoir (pour qu'il renonçât à ce projet); toutefois le roy le voulut et luy commanda qu'ainsy fust fait. Savoisy se déguisa le mieux qu'il pust, et monta sur un fort cheval, et le roy derrière luy, et s'en allèrent parmi la ville... et s'avancèrent pour venir au Chastelet, à l'heure que la reyne passoit, et y avoit moult (beaucoup) de peuple, et se bouta (mit) Savoisy le plus près qu'il pust, et y avoit là sergens de tous costez à (avec) grosses *boulayes*, lesquels pour défendre la presse et qu'on ne fist quelque violence au lict où estoit le cerf, frappoient d'un costez et d'autre de leurs boulayes bien fort, et s'efforçoit toujours Savoisy d'approcher. Et les sergens, qui ne connoissoient ne (ni) le roy ne Savoisy, frappoient de leurs boulayes sur eux, et en eut le roy plusieurs coups et horions sur les épaules, bien assis. Et au soir, en la présence des dames et damoiselles, fust la chose sceue et récitée, et s'en commença-t-on à farcer, et le roy mesme se farçoit des horions qu'il avoit receus... »

Et voilà comment, sans le savoir, à vrai dire, le bouleau, qui n'avait jusque-là fustigé que de vils roturiers, vit ses attributions démesurément exhaussées par une royale fantaisie. Aujourd'hui, Dieu merci, il est assez généralement relevé de son barbare ministère, et il sait se contenter d'être un des plus pittoresques décorateurs de nos paysages accidentés. L'arbre de sagesse est devenu exclusivement l'arbre de beauté; et l'un vaut bien l'autre.

Mais si vous voulez le voir dans toute sa grâce sereine, dans toute sa légère noblesse, ne le cherchez que là où il peut végéter à peu près seul de son espèce et dominer tout ce qui l'entoure. Égaré dans les hautes futaies, il ne fait que languir maigre et sans formes; tandis que si un heureux hasard l'a placé au milieu de quelque lande découverte, il s'élance, gai, vigoureux; il élargit et déploie sa tête, d'où il laisse majestueusement retomber de longues ramures tremblotantes. Que par une belle nuit d'automne, sur la colline silencieuse, la lune l'effleure de ses pâles rayons en même temps que le vent le balance, et Dieu sait les fantastiques rêves que sa mouvante silhouette évoquera pour le voyageur attardé.

Mais attention, je vous prie, car nous venons de faire la plus heureuse des rencontres.

— Comment entendez-vous la plus heureuse des rencontres?

— Eh! je l'entends comme je vous le dis. Si, avant peu, en effet, vous n'êtes point en possession de grands biens, si vous n'avez rendu d'éminents services à vos semblables, et si vous n'êtes devenu un des hommes les plus justement recherchés de la contrée, ce sera vraiment que vous y aurez mis de la mauvaise volonté.

— Expliquez-vous.

— Laissez-moi faire, et la chose s'expliquera d'elle-même. Vous voyez, n'est-ce pas? cet humble arbrisseau qui pousse en touffe diffuse sur le sol rocailleux. Eh bien, c'est à lui que vous devrez les inestimables résultats que je viens de vous promettre. Vous avez inévitablement un couteau (à la campagne on a toujours un couteau). Ouvrez-le donc. Puis approchez-vous de notre arbrisseau, et dans le nombre de ses branches choisissez-en une qui, tout en étant d'une certaine capacité (de la grosseur du doigt, par exemple), forme une enfourchure. Vous l'avez trouvée. Coupez-la d'un seul coup (le seul coup est essentiel) à trente ou quarante centimètres au-dessous de l'endroit où elle se bifurque.

— Voilà qui est fait.

— Très bien! Dépouillez-la de ses feuilles, puis réduisez chacune des branches de la fourche à la même longueur que la partie qui en forme le manche, de façon à produire une sorte de grand Y (moins toutefois les petits traits qui le terminent à ses trois extrémités). Cet Y obtenu, veuillez me le confier pour un instant. Étendez à demi vos deux bras en tenant les mains ouvertes à hauteur de votre menton, de telle manière que le dedans regarde le ciel. A présent, prenez dans chacune de vos mains une des branches de la fourche, serrez les doigts et maintenez l'autre branche parallèle à l'horizon. Vous y êtes. C'est à merveille. Maintenant vous plaît-il savoir en quel endroit des sources se cachent dans le sol? Voulez-vous mettre à coup sûr la main sur des trésors enfouis? Seriez-vous aise de venir en aide aux pénibles investigations de la justice, en lui faisant retrouver la piste du meurtrier qui a su jusqu'à ce jour déjouer les recherches de ses agents les plus subtils? Aimeriez-vous à terminer le procès entamé entre deux voisins pour la délimitation d'un champ, en indiquant, sans erreur possible, les bornes qu'ils ont jadis adoptées d'un commun accord? Allez devant vous, gravement, méthodiquement, en tenant votre pensée arrêtée sur l'un de ces sujets, et quand vous passerez soit sur une somme d'argent enfouie, soit sur les traces du meurtrier ou sur les limites convenues du champ, la baguette, jusque-là immobile dans vos mains, fera tout à coup d'évidents et vigoureux efforts pour aller de la position horizontale à la position verticale; et avec un peu d'habitude il vous sera facile de trouver dans les mouvements qu'elle fera des indications précises et indubitables; car, songez-y, je viens de vous mettre en possession de la fameuse *baguette divinatoire* qui fit tant de merveilles autrefois, et qui sans doute n'eût pas cessé d'en faire si la foi, qui est surtout nécessaire pour la réussite de ces sortes d'opérations, n'eût été singulièrement ébranlée au cours de ces derniers siècles.

Vous croyez peut-être que je vous en impose, que je vous fais des contes en l'air? Il vous faut quelque témoignage plus autorisé. Je vais vous le fournir. J'ai là certain petit livre, imprimé à Paris, chez Jean-Baptiste Langlois, à l'enseigne de l'*Ange gardien*, en 1693, livre dans lequel, par la plume d'un abbé de Lagarde, l'histoire qui doit vous convaincre est rapportée tout au long. Je tâcherai de l'abréger.

« Le 5 juillet 1692, sur les dix heures du soir, un vendeur de vin et sa femme furent égorgés à Lyon dans une cave, et leur argent fut volé dans une boutique qui leur servait de chambre. Cela se fit avec tant de secret qu'on ne put ni découvrir ni soupçonner les auteurs du crime.

« Un voisin, touché de cette mort ou poussé par le désir d'éprouver le talent d'un riche paysan de sa connaissance, qui se mêlait de suivre à la piste les larrons et les meurtriers, l'attira en cette ville par une lettre et le mena chez M. le procureur du roi, à qui ce villageois promit d'aller sur les pas des coupables et de les rencontrer, pourvu qu'il commençât par descendre dans cette cave pour y prendre son impression.

« Il était de Saint-Veran en Dauphiné, il s'appelait Jacques Aimar, était né le 8 de septembre 1662, entre minuit et une heure, et, avec une baguette de coudrier fourchue, il trouvait les sources et le cours des fontaines, les bornes, l'or et l'argent cachés, sans que son frère unique eût ce talent, bien qu'il fût venu au monde dans le même mois, en l'année 1664.

« Il entra dans la cave; il y fut ému; son pouls s'éleva comme dans une grosse fièvre, et sa baguette, qu'il tenait dans sa main, de la même façon que lorsqu'il cherchait les sources, tourna rapidement dans les deux endroits où l'on avait trouvé les cadavres du mari et de la femme. Après quoi, guidé par sa baguette, il suivit la rue où les assassins avaient passé, sortit de la ville par le pont du Rhône, et prit à main droite le long du fleuve.

« Des personnes qui le suivaient furent témoins qu'il s'apercevait quelquefois de trois complices et que quelquefois il n'en comptait que deux. Mais il fut éclairci de leur nombre en arrivant à la maison d'un jardinier, où il soutint opiniâtrément qu'ils

4*

avaient entouré une table vers laquelle la baguette tournait, et que, de trois bouteilles qui étaient dans la chambre, ils en avaient touché une sur laquelle sa baguette tournait aussi. Des enfants avouèrent bientôt, en effet, qu'en l'absence de leur père trois hommes qu'ils dépeignirent s'étaient glissés dans la maison, où ils avaient bu la bouteille que le paysan indiquait. On fut ensuite au bord du Rhône, à une demi-lieue plus bas que le pont, et les traces imprimées sur le sable indiquèrent que les coupables s'étaient embarqués. Ils furent exactement suivis par eau, toujours par l'indication de la baguette. Durant ce voyage, le villageois faisait aborder à tous les ports où les scélérats avaient pris terre, allait droit aux gîtes qu'ils avaient occupés, reconnaissant les lits où ils avaient couché, les tables où ils avaient mangé, les pots qu'ils avaient touchés...

« Lorsqu'il fut à Beaucaire, le paysan s'arrêta devant une prison et dit positivement qu'il y en avait un là dedans. On lui présenta douze ou quinze prisonniers, parmi lesquels un bossu, qu'on avait enfermé depuis une heure pour quelque léger larcin; ce fut celui sur qui la baguette tourna et qui fut ainsi désigné comme un des complices du crime.

« On chercha les autres; le paysan découvrit par sa baguette qu'ils avaient pris un chemin aboutissant à Nîmes, et le bossu fut conduit à Lyon. Tout d'abord il niait avoir eu la moindre connaissance de ce forfait ni des coupables, et même être jamais venu à Lyon. Mais enfin pressé, et d'ailleurs confronté avec les gens qui l'avaient vu ou logé pendant qu'il descendait le Rhône, il avoua que deux Provençaux l'avaient engagé à tremper dans cette mauvaise action, mais en qualité de valet; il raconta que ces

Provençaux, le jour du meurtre, l'avaient mené dans une boutique de marchand, où ils avaient dérobé deux serpes de bûcheron; que, sur les dix heures du soir, ils furent tous trois ensemble chez ces pauvres gens, sous prétexte d'emplir une grosse bouteille qu'ils avaient. Que ses deux compagnons descendirent sans lui dans la cave avec le vendeur et la vendeuse de vin; que là ils les tuèrent à coups de serpe, puis remontèrent dans la boutique et ouvrirent un coffre où ils prirent trente écus, huit louis d'or et une ceinture d'argent.

« Le paysan se remit sur les traces des Provençaux, reconnut à Toulon une hôtellerie où ils avaient déjeuné le jour précédent; il les poursuivit sur la mer, vit qu'ils étaient venus à terre et qu'ils avaient couché sous des oliviers; enfin il les suivit, journée par journée, jusqu'aux dernières limites du royaume.

« Le procès fut fait au bossu, qui fut condamné le 30 août à être rompu vif sur les Terreaux (principale place de Lyon), et, en allant mourir, comme il passait par ordre des juges devant la maison du vendeur de vin, il demanda pardon à ces pauvres gens, dont il avait causé la mort en suggérant le vol et en gardant la porte de la cave pendant que les autres les égorgeaient. »

Je vous laisse à penser si, après qu'un tel récit se fut répandu par toute la France, pour ne pas dire par toute l'Europe, le paysan Jacques Aimar dut être célèbre. C'est dans un petit livre que j'ai pris la substance de cette relation; mais il s'en imprima plusieurs, et même d'assez gros, pour et contre les merveilleuses aptitudes du paysan dauphinois. Il ne manqua pas de gens pour le comparer aux prophètes du peuple juif, pour assimiler sa baguette à celle d'Aaron ou de Moïse, que sais-je? Mais (*sic transit gloria mundi!*) il était dit que la jalouse incrédulité ferait pièce au respectable devin; et voici en quels termes irrévérents le dénouement de cette affaire est rapporté par le physicien Belidor (ces physiciens sont sceptiques en diable) dans son *Traité d'architecture hydraulique :*

« M. Colbert, ayant appris les merveilles que Jacques Aimar publiait, voulut que l'Académie des sciences vît cet homme, et chargea M. l'abbé Gallois de le produire. L'ayant mené dans la cour de la bibliothèque du roi, où l'Académie tenait alors ses séances, M. l'abbé Gallois montra à Jacques Aimar, en présence de l'assemblée qui était alors aux fenêtres, une bourse pleine de louis d'or, lui dit qu'il allait entrer dans le jardin, la cacher, et qu'on verrait ensuite s'il la découvrirait. Après avoir remué la terre en quelque endroit, il vint rejoindre l'assemblée et dit à Jacques Aimar qu'il pouvait aller chercher dans la plate-bande qui venait d'être labourée, le fit entrer dans le jardin et l'y enferma. Un peu après, le devin dit à l'assemblée que la bourse devait être au pied du mur, du côté du cadran. Alors M. l'abbé Gallois, qui, au lieu d'avoir enterré cette bourse, l'avait adroitement donnée à garder à un de ses amis, la reprit et la montra à Jacques Aimar pour le convaincre de son imposture. Le charlatan, voyant à quelles gens il avait affaire, se retira pour ne point essuyer de plus grands éclaircissements, et toute l'assemblée loua M. Gallois de l'avoir débarrassée de cet homme, qui est retourné dans son pays immédiatement après cette aventure. »

Mais quelle malencontreuse idée ai-je eue là de

vous raconter cette décevante anecdote? Voià que je vous aurai sans doute déprécié, dépoétisé la mirifique baguette, et que vous ne voudrez plus en tenter l'essai. A la vérité, et j'y pense un peu tard, il pourrait bien arriver que sa façon d'agir ne répondît pas rigoureusement à notre attente, car lorsque nous l'avons cueillie nous n'étions pas tout à fait dans les conditions voulues : c'est le 22 juin, quand le soleil entre dans le signe du Cancer, qu'il faut la couper, en tâchant que ce jour-là coïncide avec la pleine lune, et que ce soit un mercredi à l'heure planétaire de Mercure. La magie, qui peut faire tant de grandes choses, doit nécessairement avoir ses exigences, auxquelles vous aurez à vous soumettre si vous voulez être investi des précieuses facultés dont elle gratifie ses adeptes. Prenez donc bonne note de tout cela pour vous en servir au besoin.

— Et si, comme c'est probable, nous n'en faisons point usage, il se trouvera que ce coudrier, si pompeusement accueilli tout à l'heure, n'aura rien à nous dire?

— Rien à vous dire?... Ah! si vous êtes sincères en vous exprimant de la sorte, je vous plains et du plus profond de mon cœur. Quoi! ce frais, ce doux nom de coudrier, de noisetier (pour employer l'expression plus moderne) ne vous dirait rien? Quoi! vous n'auriez jamais, enfant, jeune fille, jeune homme, passé quelques-unes de ces bonnes heures que tant de joie simple remplit? Quoi! vous n'êtes jamais allé au bois chercher la noisette? Quoi! vous ne vous êtes jamais égaré, perdu dans les méandres ombreux et imprévus de la charmante *coudrette?* La coudrette!... Ah! que de chants s'éveillent à ce mot peut-être un peu maniéré, je le veux bien, mais si harmonieux ! Il semble fait pour la rime; il appelle *Annette*, qui vient accorte et mutine. C'est un jeune et coquet tableau tout trouvé en deux consonances, et qui vaut bien, même avec son bucolisme conventionnel, toutes nos insanités actuelles. Le grossier pâtour, enrubanné et devenu le propret Lubin, avait, selon moi, plus d'attraits que le pompier Agamemnon; et, si mièvre qu'il puisse aujourd'hui paraître, le gazouillis de « gentille Annette » me ferait aisément dédaigner toutes les scabreuses *cascades* de nos Vénus en délire. Qu'on me ramène donc à la coudrette !

Mais voici l'aubépine. Si celle-là encore ne vous disait rien, si personnellement vous ne sentiez pas à sa vue quelque gracieux souvenir se réveiller en vous, je ne saurais encore que déplorer l'ignorance où vous auriez vécu de ces douces sensations qui, dans l'histoire d'une âme, peuvent occuper tant de place, tout en étant des riens intraduisibles.

Quoi qu'il en soit, gardez-vous de faire fi de l'aubépine aux yeux des paysans; car pour celui-ci elle est la fleur bénite qu'on entend gémir la nuit du vendredi saint; pour celui-là, qui en porte toujours une branche à son chapeau, elle est le talisman conjurant les coups de la foudre; à tous enfin elle sert d'oracle en la période incertaine où l'hiver et le printemps engagent leur dernière lutte.

Lorsque la blanche épine aura montré sa fleur,
Des frimas tu n'auras plus peur,

dit le proverbe; en d'autres termes, quand l'aubépine se hasarde à fleurir, c'est que les gelées sont certainement finies. Demandez aux nestors de nos hameaux, et ils s'accorderont pour vous affirmer qu'il n'y a pas d'exemple que cet adage ait été trouvé en défaut.

Et d'ailleurs, à côté de ces humbles titres au respect, l'aubépine peut faire valoir encore le rôle fameux qu'elle joua à l'une des dates les plus lugubres de nos annales.

C'était le dimanche 24 août 1572. Pendant toute la matinée des soldats et des bourgeois, marqués d'une manche blanche et d'une croix au chapeau, avaient inondé Paris de sang en répétant : « Vivent Dieu et le roi ! » — « Vous le voulez? avait dit la veille le prévôt des marchands; je vous jure que nous y mènerons si bien les mains à tort et à travers qu'il en sera mémoire à jamais ! » Et Dieu sait si cette promesse devait être bien tenue. « La colère, le sang et la mort couraient les rues en telle horreur, que Leurs Majestés mêmes, qui en étaient les auteurs, ne se pouvaient garder de peur dans le Louvre. Tous huguenots, femmes et enfants, étaient tués indifféremment par le peuple, ne pouvant le roi ni ses conseillers retenir les armes qu'ils avaient déchaînées. » (Tavannes.) Au reste, ce roi lui-même ne s'était-il pas écrié, quand il avait dû consentir à la mort du vénérable Coligny : « Puisqu'il faut qu'il périsse, qu'on les tue tous avec lui pour qu'il n'en demeure pas un seul qui puisse me le reprocher après. » Aussi, pendant toute la belle matinée du dimanche, avait-on vu « les corps détranchés tomber des fenêtres, les portes bouchées de corps achevés ou languissants, et les rues de cadavres qu'on traînait à la rivière. »

Or, voilà que vers midi on vint dire au roi qu'au cimetière des Saints-Innocents un *aubépin,* qui y était planté et qui, pendant le cours de la saison, était demeuré à moitié sec, tout dépouillé de feuilles, venait soudain de se couvrir d'une quantité de fleurs. (L'aubépin fleurit ordinairement en mai.) Le roi donc y alla avec la reine sa femme, la reine sa mère et tous les seigneurs de la cour, qui criaient au miracle et voulaient voir en cela un signe que le Ciel approuvait ce qui avait été fait. « Les confréries, ajoute un historien, y allaient aussi tambour battant; et c'était à qui massacrerait le plus de huguenots sur le chemin pour se rendre digne de contempler cet arbre miraculeux. Quelques-uns des moins crédules attribuaient cet événement à la nature; mais les fervents catholiques affirmaient que Dieu entendait montrer par là que son Église allait refleurir par la destruction des hérétiques. Et toutefois les huguenots pensaient, sans oser le dire sans doute, que ces fleurs qui avaient paru dans le champ des martyrs innocents étaient comme une suprême approbation de leur innocence. »

Vous le voyez, il en est de l'interprétation des prodiges comme des *Te Deum*, qui, après une bataille, sont le plus souvent chantés des deux parts. Tant il y a cependant qu'une circonstance pareille doit compter dans le passé d'un modeste végétal. Aussi l'aubépin du cimetière des Innocents, candide personnage figurant par basard dans le sanglant tumulte d'une effroyable tragédie, appartient-il pour jamais à l'histoire.

Voyez-vous là-bas, à la croisière des chemins, ce géant robuste qui semble nous convier à prendre un instant de repos sous le frais abri de ses immenses bras? C'est le chêne. A tout seigneur tout honneur! mais aussi à toute reine tout hommage! Ces jets aiguillonnés qui s'échappent indisciplinés du buisson devant lequel nous sommes arrêtés sont ceux de l'églantier. Salut donc à la rose!

La rose!... A ce seul mot voilà que tout un monde de remembrances nous entoure.

Que n'a-t-on pas imaginé, que n'a-t-on pas dit sur l'origine de cette charmante fleur!

Si nous en croyons Anacréon, qui devait mourir couronné de roses, le flot du sein duquel sortit Vénus déposa en même temps sur le rivage le germe du rosier, qui s'éleva aussitôt pour embaumer l'air que la déesse devait respirer.

Selon Gesner, qui n'a fait que traduire une antique fiction, la naissance de la rose est due au dieu du vin. « Je poursuivais, raconte Bacchus, une jeune nymphe; la belle fugitive volait d'un pied léger sur les fleurs, et, regardant en arrière, elle riait malicieusement en me voyant parfois trébucher. Je ne l'aurais jamais atteinte, si un pan flottant de sa robe ne se fût embarrassé dans un buisson d'épines. Je m'approchai d'elle : « Ne t'effarouche pas, lui dis-je, je suis le dieu de la joie, éternellement jeune, et je te donnerai la jeunesse éternelle. » Alors, émue, elle baissa les yeux et rougit... Pour marquer ma reconnaissance au buisson d'épines, je le touchai de mon thyrse, et j'ordonnai qu'il se couvrît de fleurs dont l'aimable rougeur imiterait les tendres nuances que je contemplais sur les joues de la nymphe... Et la rose naquit. »

Et voilà justement qui va à l'encontre d'une tradition assez généralement reçue : à savoir, que la rose fut d'abord blanche et le rosier sans épines; — mais qui mettra d'accord les poètes? — Le séraphique saint Basile nous dit qu'à l'origine le rosier ne portait aucun aiguillon, mais qu'il en prit à mesure que les hommes firent moins attention à la céleste beauté de la rose. D'autre part, les mythologues païens nous apprennent que la rose dut sa couleur au sang de Vénus, dont plusieurs gouttes jaillirent sur elle, quand, pour voler au secours d'Adonis mortellement blessé, elle courut au travers des buissons épineux.

Quoi qu'il en soit, chez les anciens, la rose était de toutes les fêtes, de toutes les cérémonies. On la considérait comme le symbole de la beauté, du plaisir et même aussi du silence; car on racontait que Cupidon avait offert la première rose au dieu Harpocrate, pour qu'il n'allât rien publier des désordres de Cypris. De là l'expression usuelle : être *sous la rose* (*sub rosa*), qui équivalait à notre locution : parler à cœur ouvert.

En Grèce, c'était à la rose que les jeunes cœurs naïfs demandaient ce que chez nous ils demandent à la pâquerette. Au lieu de dire en effeuillant la fleurette : « Il m'aime un peu, beaucoup..., » on pliait, comme vous savez, les pétales de roses, on les faisait claquer sur le front, et plus le bruit rendu était éclatant, plus le présage semblait favorable.

Les Romains avaient en général une véritable passion pour les roses. Les plus délicats les faisaient venir en hiver de l'Égypte et des pays encore plus éloignés; ils en couvraient leurs lits, leurs tables, et le vin n'était pas agréable à boire quand les feuilles de roses ne nageaient pas sur les coupes. Dans les jeux publics, l'hommage le plus envié des acteurs consistait en couronnes de roses. Cette fleur était d'ailleurs regardée comme l'emblème du triomphe aussi bien que le laurier. Quand les armées rentraient victorieuses dans la cité, chaque soldat portait des roses à la main, les rues étaient jonchées de roses; et d'ailleurs on avait coutume de peindre ou de sculpter des roses sur les boucliers.

La rose était aussi la fleur dont on ornait de préférence les tombeaux. Encore aujourd'hui, chez les Turcs, on grave une rose pour toute épitaphe sur la pierre qui recouvre le corps d'une jeune fille. En Pologne, on couvre de roses le cercueil des enfants; et lorsque le convoi passe, les habitants du pays jettent des roses par la fenêtre.

Chez les Hébreux, le grand prêtre ornait son front de roses pour les sacrifices, et dans les livres sacrés la sagesse éternelle est comparée aux plantations de roses qu'on voyait près de Jéricho. Chez les chrétiens, le nom de la rose est devenu celui de la chaste mère du Christ (rose mystique, rose sans épines), et les prières qui lui sont consacrées ont pris le titre de *rosaire*. On rapporte au XIIe siècle l'origine de la coutume qu'ont les papes de bénir une rose d'or le quatrième dimanche de carême, pour l'envoyer en présent, dans certaines circonstances solennelles, à quelque église, prince ou princesse.

Dans les vieilles coutumes de l'Auvergne, de l'Anjou, du Maine, de la Normandie, on voit que chez les nobles le père qui avait des enfants mâles ne donnait le plus souvent à sa fille, en la mariant, qu'un *chapel* (chapeau) *de roses;* et parmi les anciens droits seigneuriaux figurent beaucoup de redevances fixant la livraison par les vassaux d'un certain nombre de boisseaux de roses, pour l'ornement de la table et du buffet du seigneur ou pour sa provision d'eau de rose.

L'eau de rose, à laquelle dès l'antiquité on attribuait toutes les vertus, fut d'ailleurs d'un usage général pendant des siècles. On dit que lorsque Saladin eut pris Jérusalem en 1188, il ne voulut entrer dans le temple, que le culte des chrétiens avait, selon lui, profané, qu'après avoir fait laver les murs avec de l'eau de rose, et un historien affirme que cinq cents chameaux furent employés à transporter celle qui servit à cette imposante lustration. Après la prise de Constantinople par Mahomet II, en 1455, l'église Sainte-Sophie fut aussi lavée avec de l'eau de rose avant d'être convertie en mosquée.

Les annalistes orientaux rapportent que la célèbre princesse Nourmahal fit remplir d'eau de rose tout un canal pour s'y promener avec le Grand Mogol. La chaleur du soleil ayant dégagé de cette eau aromatique l'huile essentielle qu'elle contient, on remarqua que cette substance surnageait, et c'est ainsi, dit-on, que se fit la découverte de l'essence de rose, dont il suffit de prendre une goutte avec la pointe d'une aiguille pour parfumer une vaste salle.

Jadis on avait coutume chez nous de porter aux baptêmes de grands vases remplis d'eau de rose. Or, le jour où l'on allait présenter au premier sacrement celui qui devait être le fameux poète Ronsard, la femme qui tenait le vase le laissa tomber maladroitement sur l'enfant. « Et ce fut, dit-on, comme un présage de la bonne odeur que devaient plus tard répandre ses poésies. »

C'est à l'Orient, où la rose foisonne et où elle est pieusement honorée, qu'il faut demander les gracieuses légendes, les frais apologues par elle inspirés : « Un jour, raconte le poète Sadi, je vis un rosier entouré d'une touffe d'herbe : — Quoi! m'écriai-je, cette vile plante est-elle faite pour vivre en

La coupe et la feuille de rose.

en la compagnie des roses! — Et j'allais arracher ce gazon. Mais lui : « Épargnez-moi, me dit-il; je ne suis pas la rose, il est vrai, mais à mon parfum on connaît au moins que j'ai approché d'elle. » — Et j'épargnai le gazon. Il y a tout à gagner en bonne compagnie. »

Amadan possédait autrefois une académie fameuse, dont les membres devaient penser beaucoup, écrire peu et parler encore moins. Or une place étant venue à vaquer dans cette corporation, le docteur Abdulkadri, célèbre dans tout l'Orient, vint pour s'y faire recevoir; mais la place était donnée, et, au grand regret de l'assemblée, il était impossible d'y admettre le savant. Comment signifier au docteur un refus aussi blessant? Le président prend une coupe, qu'il remplit d'eau jusque-là qu'une seule goutte de plus l'eût fait déborder, et il la montre au solliciteur. Mais celui-ci s'avance, tenant une feuille de rose, qu'il pose délicatement à la surface de la liqueur... Et la feuille de rose surnage, sans que l'eau s'échappe de la coupe.

Alors tous les assistants de battre des mains à cette ingénieuse réponse; et, en dépit des statuts, le docteur fut reçu membre de l'Académie, dont il devait être la plus pure, la plus vive lumière.

A côté de ces riantes fictions mentionnerons-nous la triste célébrité que la *Rose blanche* et la *Rose rouge* acquirent en devenant pour l'Angleterre le signal des discordes civiles? Citerons-nous le mot de l'aveugle Milton, qui s'était marié à une femme très belle, mais d'un caractère affreux? « Votre femme, lui disait lord Buckingham, est une rose. — Je n'en puis juger par la couleur, répondit le poète, mais j'en dois croire les épines. » Rappellerons-nous la rose que Charles Ier reçut d'une jeune fille le jour où il marchait à l'échafaud? Dirons-nous que Luther avait fait graver une rose sur son cachet? Répéterons-nous le distique assez plat de Voltaire en présentant une rose au grand Frédéric, dans le jardin de Potsdam?... Nous n'en finirions pas. C'est assez nous attarder. Le chêne s'impatiente...

Le *chêne*, voici le chêne! Saluez, c'est un roi; inclinez-vous, c'est presque un dieu : un roi, car en mainte région, à mainte époque, une sorte de souveraine priorité lui fut décernée; un dieu, car il fut plus d'une fois l'objet d'une vénération particulière.

L'opinion la plus répandue veut voir dans les honneurs presque universellement rendus au chêne un véritable tribut de reconnaissance des peuples primitifs, qui, habitants des forêts, durent en principe à cet arbre une saine et abondante nourriture. Le chêne, disent les mythologues, fut consacré à Jupiter parce que, à l'exemple de Saturne, ce dieu apprit aux hommes à se nourrir de glands [1]. Mais le chêne est célèbre ailleurs que dans l'histoire profane. Ouvrons la Bible.

C'est au milieu des chênes de la vallée de Mambré qu'après s'être séparé de Loth le futur patriarche Abraham dressa ses tentes. Il était assis à l'ombre d'un de ces chênes quand lui apparurent les trois anges qui venaient détruire Sodome et Gomorrhe, et qui lui annoncèrent la tardive maternité de Sara. Quand, plus tard, il fit alliance avec Abimélech, ce fut en plantant un bois de chênes au lieu

[1] En beaucoup de pays, les fruits du chêne (de l'espèce qui fournit des glands doux) font encore partie de l'alimentation.

qui avait entendu leurs serments mutuels qu'Abraham célébra ce traité de paix.

Puisque nous avons ouvert les livres sacrés, interrogeons-les encore :

« Dieu dit à Jacob :

« Lève-toi; monte à Béthel, demeure là et dresse « un autel au Dieu fort qui t'a protégé quand tu « fuyais devant ton frère Ésaü. »

« Et Jacob dit à ses fils (qui venaient de ravager la ville de Sichem pour venger l'honneur de leur sœur Dina) :

« Otez les idoles des étrangers qui sont au milieu « de vous... »

« Alors ils donnèrent à Jacob tous les dieux des étrangers qu'ils avaient dans leurs mains, et les anneaux qui étaient à leurs oreilles, et Jacob les cacha sous un *chêne* qui était auprès de Sichem...

« Bientôt après mourut Débora, nourrice de Rébecca, femme de Jacob, et Jacob l'ensevelit, près de Béthel, au pied d'un *chêne,* qui pour cela fut appelé le *chêne des larmes.* »

Si, quittant la Genèse, nous allons au livre de Josué, nous y voyons que le successeur de Moïse, après avoir introduit le peuple élu dans la terre de Chanaan, et lorsqu'il sentit que sa mort approchait, fit assembler à Sichem tous les hommes d'Israël, pour qu'ils s'engageassent solennellement à garder le culte du vrai Dieu.

« Le peuple répondit à Josué :

« Nous servirons l'Éternel notre Dieu, et c'est à « sa voix seule que nous obéirons... »

« Josué écrivit ces paroles au livre de la Loi. Puis il prit une grande pierre et en érigea un monument sous un *chêne* qui était au sanctuaire de l'Éternel [1], en disant : « Cette pierre serait un témoignage « contre vous, s'il vous arrivait de mentir à votre « Dieu... »

Or du temps de Constantin on montrait encore, dans la vallée de Mambré, — où serait aujourd'hui bâtie la ville de la Mecque, — les chênes sous lesquels Abraham s'entretint avec les divins voyageurs; et la tradition musulmane affirme, en dépit des probabilités géographiques, que le pèlerinage à la ville sainte n'aurait d'autre origine que la pieuse coutume qui s'était d'elle-même établie chez les anciens croyants, d'aller visiter ces arbres archiséculaires, témoins d'un si mémorable événement.

Ce serait là, certes, un titre qui suffirait à la gloire du chêne, alors même qu'il ne pourrait en alléguer d'autres. Il apparaît dignement dans l'histoire sainte; toutefois son rôle n'y est qu'accessoire, tandis que dans la théogonie des Grecs et des Romains, c'est un rang beaucoup plus élevé qu'il occupe.

« Les Arcadiens, dit Plutarque, croyaient avoir une sorte de parenté avec le chêne, premier arbre que la terre ait produit. »

On a remarqué que, chez les anciens, tous les noms d'arbres sont féminins. Pourquoi cela ?

« Ces peuples ingénieux, répond un aimable savant, avaient deviné, bien que peu avancés dans la

1 Chacun peut savoir qu'au temps de Josué, c'est-à-dire lorsque la migration du peuple hébreu durait encore, le *sanctuaire* ou lieu saint n'était qu'une tente, distinguée des autres par sa magnificence, et que l'on dressait au milieu du campement.

physique, la vie des arbres et des plantes et la circulation, mystérieuse alors, de la sève, ce fluide qui, absorbé par les feuilles et les racines, court du pied à la tige, au tronc et aux rameaux... Emportés par leur imagination de feu, ils virent dans tout arbre un être vivant, prirent ses fleurs pour la couronne d'hyménée d'une vierge, ses fruits pour les enfants suspendus au sein maternel, son feuillage pour une chevelure, et son bruit pour des soupirs; c'est pourquoi ils attachèrent à la coexistence des arbres, non pas des êtres masculins, mais des nymphes. »

Ils donnèrent à ces divinités mortelles[1] le nom harmonieux de *dryades*, dérivé du mot *drus* (chêne), parce que ce bel arbre, qui est toujours verdoyant et qui vit le plus vieux de tous, convenait mieux aux destins bornés de ces nymphes. Ils les appelèrent aussi *hamadryades*, expression composée du même mot précédé de l'adverbe grec *hama* (avec), en établissant entre les deux ordres de divinités cette différence que les dryades pouvaient s'éloigner à leur gré de l'arbre qui leur servait seulement d'asile pour la nuit, ou de refuge en cas de poursuite indiscrète, tandis que les hamadryades vivaient recluses dans leur arbre et, pour ainsi dire, identifiées avec lui.

Il était de croyance générale que lorsqu'on portait la hache sur un chêne habité par une hamadryade, l'arbre versait du sang et faisait entendre des lamentations; par contre, ces nymphes témoignaient, disait-on, une vive reconnaissance à ceux

[1] Mortelles, puisque la durée de leur vie était subordonnée à celle de l'arbre qui leur servait d'asile.

qui respectaient ou faisaient respecter leur asile : poétiques et sages fictions, qui avaient indirectement pour résultat l'utile conservation des forêts.

Mieux défendue encore par la vénération ou plutôt par la terreur des dévots était cette fameuse forêt de Dodone, toute plantée de chênes qui prophétisaient à qui mieux mieux au nom du sublime Jupiter.

Mais, si grand que fût le crédit dont jouissaient les ténébreux oracles rendus par ces arbres, si imposants que fussent les mystères qui se cachaient dans les redoutables profondeurs de cette sainte chênaie, combien plus majestueuses encore devaient être les cérémonies que virent nos vieilles forêts gauloises, et combien plus puissant le prestige dont elles étaient entourées !

Pour les druides (mot formé du celtique *derw*, qui a la même signification que le *drus* des Grecs), le chêne était non seulement l'emblème de la divinité, mais une sorte de personnification terrestre du grand dieu Teutatès, le céleste ancêtre de la nation gauloise [1].

« Teutatès veut du sang : il a parlé dans le chêne des druides ! » répétaient les bardes guerriers à la veille des combats. C'était sous des chênes que s'accomplissaient toutes les étranges ou terribles pratiques du culte druidique : magiques évocations et sanglants sacrifices. C'était sous des chênes que les druides siégeaient pour rendre la justice aux populations sur lesquelles ils exerçaient un pouvoir

[1] Les Celtes avaient, dit-on, formé leur mot *quercuez* (chêne) de *quer* (beau) et *cuez* (arbre) : et les Grecs modernes nomment encore le chêne *dendron*, expression qui signifierait l'*arbre par excellence*.

absolu. C'était aux chênes qu'on demandait le gui sacré, en si grande renommée parmi nos farouches aïeux.

« Le gui de chêne, dit Pline, est fort rare [1]. Quand on l'a découvert, les druides vont le chercher avec un sentiment de profond respect. Ils choisissent pour cela le sixième jour de la lune, jour si célèbre parmi eux, qu'ils l'ont désigné pour être le commencement de leurs mois, de leurs années et même de leurs siècles, qui ne sont que de trente ans. »

C'était surtout vers le 20 ou le 21 décembre, époque où s'ouvrait la nouvelle année, qu'on allait cueillir la précieuse plante. Au jour dit, avant le lever du soleil, les druides, accompagnés des magistrats et du peuple, qui criaient : *Au gui l'an neuf!* se rendaient dans la forêt. Deux prêtres, conduisant les taureaux blancs qui devaient être immolés, marchaient les premiers, suivis des bardes, des musiciens et des jeunes initiés aux mystères, qui chantaient des hymnes en l'honneur de Teutatès. Apres eux venait un héraut vêtu de blanc, portant à la main un caducée formé d'une branche de verveine, entortillée de deux figures de serpents joints ensemble. Trois druides rangés de front marchaient immédiatement après le héraut; l'un portait dans

[1] Si rare que, de nos jours, la plupart des botanistes herborisants ne l'ont jamais rencontré. Il n'est cependant pas introuvable; un récent témoignage en a été, par exemple, fourni à la Société académique de l'Aube, qui, dans sa séance du 20 décembre 1878, a reçu de M. Bouquet de la Grye « un gui de chêne encore sur sa branche, cueilli dans la forêt de Saugry ». Dans le compte rendu de cette séance il est fait mention d'un autre spécimen de gui de chêne conservé au musée de Châtillon-sur-Seine.

un vase le vin du sacrifice, le second le pain, et le troisième un sceptre ou main de justice. On voyait enfin s'avancer le chef ou prince des druides, revêtu d'une robe blanche sous une autre de fin lin, avec une ceinture d'or, et la tête couverte d'un chapeau blanc. Le roi du pays marchait à côté du grand prêtre; la noblesse et le peuple fermaient la marche. Lorsqu'on était arrivé au pied du chêne qui portait le gui, on dressait au pied, avec du gazon, un autel triangulaire, et l'on gravait sur le tronc et sur les deux plus grosses branches les noms des principaux dieux. Puis un druide vêtu d'une tunique blanche montait sur l'arbre, coupait avec une serpe d'or le gui, que deux autres prêtres recevaient sur un sagum (manteau) blanc. Puis on immolait les taureaux en chantant encore des hymnes, pour que les dieux fissent jouir les assistants des suprêmes vertus du gui. Les prêtres distribuaient ensuite l'eau où le gui avait trempé, laquelle était toute-puissante pour éloigner les maléfices, préserver des maladies et guérir des plus dangereux poisons. Et les fidèles se séparaient emportant chacun dans leur maison un peu de cette eau, dont ils devaient retirer de si grands avantages.

Longtemps même après avoir quitté le culte druidique pour accepter les dieux qu'adoraient les Romains, conquérants de leur pays, les Gaulois conservèrent une sorte d'instinctive vénération pour les chênes. Ce sentiment ne s'éteignit guère qu'à la venue du christianisme. On raconte que saint Sévère, apôtre des Gaules, en fit solennellement couper un que la superstition avait consacré à cent dieux, et qui était comme un temple où s'accumulaient les offrandes, si bien qu'en renversant cet arbre le saint trouva au pied une quantité d'or et d'argent qui suffit à l'érection d'une magnifique église.

A Rome, où d'ailleurs (nous l'avons déjà remarqué) il était dédié au souverain maître de l'Olympe, le chêne avait le privilège de fournir ces couronnes civiques qui étaient considérées comme la plus haute récompense que pût envier et obtenir un citoyen romain.

Écoutons à ce sujet le naturaliste latin :

« Les arbres glandifères (porteurs de glands) ont été de tout temps en grand honneur parmi les Romains. C'est à eux qu'on demande ces couronnes, prix glorieux du courage militaire, ornement accordé, depuis longtemps, à la clémence des empereurs, quand, au milieu des guerres civiles impies, on commença à trouver de la vertu à ne pas tuer un citoyen... Originairement la couronne civique était d'yeuse (chêne vert); à cet arbre on substitua l'*esculus* (chêne à glands comestibles); ensuite toutes les variétés de chêne furent employées, car on n'avait égard qu'au gland [1]. D'ailleurs on mit à l'obtention de cette couronne des conditions comparables à celles que les Grecs proclament devant la statue de Jupiter, quand la patrie dans son allégresse ouvre ses murailles à l'athlète vainqueur. Voici ces conditions : sauver un citoyen, tuer un ennemi; faire cet exploit sur un terrain que l'ennemi combattu ait occupé le jour même ; avoir pour soi l'aveu de celui qu'on a sauvé, être soi-même citoyen... Du reste,

[1] C'est ce qui explique que, se conformant à l'antique tradition, nos peintres et sculpteurs attachent généralement des fruits aux couronnes de chêne qu'ils figurent.

fût-ce le général en chef qu'on eût préservé de la mort, l'honneur ne serait pas plus grand, car la volonté du législateur a été que la vie du moindre citoyen donnât les droits les plus complets.

« Une fois honoré de la couronne, on peut la porter sans cesse. Chacun se lève en présence du citoyen décoré lorsqu'il entre au spectacle ou au sénat. Son aïeul paternel, son père sont, comme lui-même, exempts de toute charge publique.

« Curius Dentatus reçut quatorze couronnes civiques. Manlius Capitolinus en eut six. Scipion l'Africain ne voulut point en recevoir pour avoir sauvé son père à la bataille de la Trébie. O mœurs dignes de l'immortalité, qui ne décernaient qu'un prix à tant de faits héroïques : l'honneur; et qui ne voulaient pas évaluer la vie d'un citoyen, protestation évidente qu'en sauvant un homme ce n'est point un gain matériel qu'on doit avoir en vue ! »

Faut-il joindre à ces lointains témoignages quelques souvenirs tout modernes ajoutant à l'illustration du chêne? Chacun connaît le célèbre passage du naïf Joinville :

« Maintes fois, dit-il, ay veu que le bon sainct (Louis IX), après qu'il avait ouy messe en esté, il se alloit esbattre au bois de Vincennes, et se seoit (s'asseyait) au pied d'un *chesne*, et nous faisoit seoir tous auprès de lui : et tous ceulx qui avoient affaire à lui venoient à lui parler, sans qu'aucun huissier ne leur donnast empeschement. Et demandoit haultement de sa bouche s'il n'avoit nul qui eust partie (procès). Et quand il y en avoit aucuns (quelques-uns), il leur disoit :

« Amis, taisez-vous, et on vous délivrera l'un « après l'autre... »

Joinville composa son histoire à la fin du XIIIe siècle. Quatre cents ans plus tard (1779), un abbé français (l'abbé Coyer) écrivait de Londres :

« Il y a quelques jours, j'ai vu ici tout le public paré de rameaux de *chêne*. C'est la fête de l'antique et fameux chêne qui servit d'asile à Charles II après la bataille (Worcester, 1651) qu'il perdit avec le trône en combattant contre Cromwell. Il fut nourri dans cet arbre par une main charitable durant plusieurs jours, en entendant le bruit des soldats ennemis qui le cherchaient... Après sa restauration, il revit l'arbre; il en cueillit quelques glands, qu'il planta dans le parc de Saint-James, et qu'il arrosait lui-même. Le chêne royal, c'est ainsi qu'on le nomme, subsiste encore dans la forêt où il est né; et pour le garantir des mutilations fréquentes de la part des curieux qui en emportaient quelques morceaux, on l'a entouré d'un mur de briques.

« Cette fête, ajoute notre abbé, doit faire souvenir les rois qu'ils ne sont pas à l'abri des plus terribles coups du sort. »

De nos jours on montre encore à Shrewsbury le chêne de Charles II, mais on ne montre plus à Vincennes que la place du chêne de Louis IX. Peut-être objecterez-vous que, pour peu que ce dernier eût cent ans à l'époque du saint roi, il devrait compter aujourd'hui sept siècles, ce qui vous paraît un âge un peu avancé.

« Sept siècles ! eh ! qu'est-ce que cela ? Voyez les chênes d'Abraham, dont nous parlions tantôt, lesquels encore debout au temps de Constantin ne portaient pas moins de vingt-deux ou vingt-quatre siècles.

— On le dit; mais nous ne les avons pas vus.

— Par saint Thomas! puisqu'il vous faut voir pour croire, j'aurai, je pense, une *pièce* de conviction à vous offrir.

— Produisez-la.

— Je ne l'ai pas dans la main; mais si vous voulez vous rendre à Saintes en Saintonge, chacun saura vous indiquer, dans la cour d'un ancien château voisin de la ville, certain chêne dont le tronc mesure environ neuf mètres de diamètre, et dont la cime s'élève à quelque vingt mètres. Dans le bois mort de l'intérieur une salle a été creusée, autour de laquelle règne, taillé dans le tronc même, un banc circulaire : douze convives peuvent manger à l'aise dans cette chambre, que décore une tapisserie vivante de lichens, de fougères et de mousses. Or, d'après le calcul qu'on a pu faire par l'examen des couches concentriques d'une lame enlevée pour pratiquer l'entrée de la salle, il est démontré que cet arbre ne compte pas moins de DEUX MILLE années. Que vous semble du patriarche?... »

Mais, chez les arbres, les géants ne jouissent pas seuls du privilège de la longévité. Voyez-vous là, tout près, ce petit arbre, presque un arbrisseau, dont les rameaux se sont, au printemps, chargés d'une multitude de fleurettes jaunes, et qui, l'automne venu, offrira à nos ménagères autant de mignonnes olives rouges dont elles feront des conserves quelque peu astringentes? Vous l'avez reconnu, c'est le *cornouiller*, dont le bois, pour employer l'expression d'Olivier de Serres, est : « ferme et solide comme corne de bête, » d'où lui vient son nom.

Eh bien! voulez-vous qu'une attestation respectable nous soit donnée du grand âge que peut acquérir cet hôte modeste de nos forêts? J'ouvre le Plutarque d'Amyot, à la biographie du fondateur de Rome, et trouvant en marge d'une des pages cette annotation : « Le saint cornouiller dans Rome, » je lis ce qui suit :

« Romulus habitoit au lieu qui s'appelle aujourd'hui les degrés de Bellerive, qui sont à la descente du mont Palatin, où on dit qu'autrefois estoit le saint cornouiller dont on fait un tel conte : Romulus un jour, voulant éprouver sa force, lança, dit-on, depuis le mont Aventin jusque-là un javelot duquel la hampe estoit de cornouiller. Le fer entra si avant dans la terre, qui estoit forte et grasse, que nul ne le put arracher, encore que plusieurs y essayassent et en fissent tous leurs efforts. La terre, estant propre à nourrir arbres, couvrit le bout de la hampe, laquelle prit racine et commença à jeter branches, tellement qu'avec le temps elle devint un beau et grand cornouiller, que les successeurs de Romulus enfermèrent de murailles tout à l'entour, en le révérant et contregardant comme chose très saincte. Et si d'adventure quelqu'un l'alloit voir, qu'il le trouvât non frais, ne (ni) verdoyant, ains (mais) comme arbre qui se va fanant, et séchant à faute de prendre nourriture, il l'alloit disant en effroy à tous ceux qu'il rencontroit; et eux, ne plus ne moins que si c'eust esté pour esteindre un feu (incendie), alloient criant partout :

« A l'eau ! A l'eau ! »

« Et accouroit-on de toutes parts avec des vaisseaux pleins d'eau pour l'arroser et abreuver. Mais du temps de Caïus Cæsar, qui fit refaire ces degrés, les ouvriers, en fouillant et creusant autour de ce cornouiller, par mesgarde en offensèrent les racines, tellement que l'arbre en sécha entièrement. »

Or, tout compte fait, de Romulus à César, il ne s'était pas écoulé moins de sept siècles, et il est fort probable que, sans la maladresse des ouvriers, le *saint cornouiller* eût encore longtemps vécu.

Mais, dites-vous, c'est peut-être bien là un de ces contes comme le bon Plutarque sait les recueillir pour rendre ses récits plus piquants.

Lui-même avoue, en effet, que c'est un conte qu'il a entendu faire; mais, Dieu merci! j'ai encore à ma disposition un témoignage qu'il vous sera facile de contrôler...

La longue existence du cornouiller était si généralement admise par nos aïeux, qu'au moyen âge on l'employait communément comme jalon impérissable dans le bornage de certaines propriétés. C'est ainsi qu'on montre encore à quelques lieues de Paris, et cela d'après la teneur de chartes authentiques, un cornouiller planté il y a environ mille ans pour indiquer la séparation des bois du duché de Montmorency d'avec ceux du prieuré de Sainte-Radegonde.

Quoi qu'il en soit, notre cornouiller a sa légende dont il peut tirer quelque vanité; mais voici le *troène* qui l'avoisine et qui voudrait, je crois, nous dire la sienne.

Eh bien, qu'il la dise!

Mais lui, d'un air dolent et rêveur :

« Hélas! que vous apprendrai-je, sinon que le doux Virgile lui-même, d'ordinaire si clément aux hôtes des campagnes, n'a parlé de moi qu'avec dédain :

« On délaisse le blanc troène, et l'on cueille la « noire airelle. »

« Et le divin poète semble approuver cette indifférence pour un modeste arbrisseau. Aussi les poètes m'ont-ils généralement oublié.

— En êtes-vous bien sûr, troène mon ami?

— Je le suppose.

— Ne comptez-vous donc pour rien le frais apologue que voici :

« Pourquoi, disait une jeune mère de famille au
« vénérable pasteur de son village, n'avez-vous
« pas planté une forte palissade d'épines à la place
« de cette haie de troène fleuri qui entoure votre
« jardin? »

« Le pasteur répondit :

« Lorsque vous défendez à votre fils un plaisir
« dangereux, la défense s'embellit sur vos lèvres
« d'un tendre sourire, votre regard le caresse; et
« s'il se mutine, votre main lui offre aussitôt un
« joujou qui le console : de même la haie du pas-
« teur doit éloigner les indiscrets, et offrir des fleurs
« à ceux mêmes qu'elle repousse. » (A. Martin.)

Et voilà le troène tout heureux d'avoir inspiré un de nos plus aimables écrivains.

Un peu plus loin végète l'*yèble,* ou sureau noir; voyons un peu quel titre de gloire pourra produire celui-là.

« Eh! dit-il, ne fermez pas votre Virgile, si tant est que vous l'ayez ouvert pour y vérifier la citation de mon confrère; c'est dans la fameuse églogue à Gallus qu'il est question de moi :

« Pan vint aussi, Pan, dieu d'Arcadie; nous
« vîmes son visage divin que rougissait l'yèble san-
« glante... »

« Et voilà!

— Qu'est-ce à dire?

— C'est-à-dire que les anciens avaient coutume, — du diable si j'ai jamais su pourquoi ! — de barbouiller, de rougir aux jours de grande fête la face de leurs dieux : et c'était mon fruit qui avait l'honneur d'être requis pour ce pieux mais bizarre office. C'est tout ce dont je me puis vanter, et cela suffit à mon ambition. »

Puisqu'il se déclare satisfait, laissons-le, et dirigeons-nous vers cette villa

Qui se chauffe au soleil levant,

et autour de laquelle nous trouverons, j'imagine, de nouveaux héros. Je distingue, en effet, réunis dans un petit verger qui précède l'habitation, le *cerisier*, l'*amandier*, le *pommier*, le *cognassier*; je crois voir aussi, planté dans une haie qu'il domine, le *sorbier* des oiseleurs et, s'abritant dans l'encoignure de la maisonnette, le *figuier*, avec son frileux compatriote le *laurier*. Allons, allons : car il y a là des gens à qui parler, et en état de nous répondre.

Chemin faisant, le *mûrier* nous accoste, qui, prenant le ton héroïque :

« Dans la cité fameuse que Sémiramis fit entourer d'imposantes murailles, vivaient le jeune homme le plus accompli et la plus belle jeune fille de tout l'Orient. Pyrame...

— Et Thisbé, c'étaient leurs noms... Ils naquirent voisins; ils se connurent, ils s'aimèrent, et chaque jour voyait s'accroître leur tendresse mutuelle...

— Tiens, tiens ! vous savez cette histoire?

— Comment l'ignorer? Si nous n'avions appris à l'école le charmant récit d'Ovide, est-ce que les naïfs imagiers d'Épinal et de Montbéliard n'eussent pas été là pour nous apitoyer sur les malheurs de Py-

Pyrame et Thisbé.

rame et de Thisbé, dont la poignante *représentation* illustre les murs de nos plus humbles chaumières, en compagnie d'Henriette et Damon, d'Héloïse et Abailard? A vrai dire, dans la douloureuse aventure des deux amants assyriens destinée à émouvoir un public chrétien, nos artistes ont bien pu omettre le détail tout mythologique qui lui a valu d'être narrée par le poète des *Métamorphoses*, et qui, je crois, vous concerne. C'est pourquoi dites-nous-en quelque chose.

— Volontiers. C'était sous un *mûrier*, près du tombeau de Ninus, qu'avaient pris rendez-vous les deux jeunes gens, décidés à fuir ensemble du pays où leurs parents s'opposaient à leurs vœux. Vous savez comment Pyrame, trompé à la vue du voile ensanglanté de Thisbé, se perça de son épée. Vous savez comment, en apercevant le corps de Pyrame, Thisbé résolut de mourir du même fer, sur lequel elle se jeta. Mais, avant d'expirer :

« Et toi, s'écria-t-elle, arbre funeste, qui couvres « le corps de mon ami, et qui vas aussi couvrir le « mien, porte à jamais les marques de notre infor- « tune; que ton fruit, noir ou sanglant, rappelle « que tu as été baigné du sang de deux êtres mal- « heureux! »

Et les dieux ayant accompli ces tristes désirs, ce fut ainsi qu'il arriva que les fruits du mûrier, jusqu'alors blancs, devinrent noirs en mûrissant [1].

[1] Peut-être n'est-il pas inutile de noter ici, pour rendre plus significative cette dernière fiction, que les anciens, chez qui la fable de Pyrame et Thisbé avait cours, ne connaissaient pas le mûrier blanc, qui est originaire de l'extrême Orient et qui n'a été introduit en Occident que vers le VIe siècle de notre ère, avec le ver à soie, dont sa feuille est l'aliment spécial.

N'omettons pas de remarquer qu'à l'instar de nos contes enfantins les plus primitifs, cette fable, à laquelle Ovide a prêté les magnifiques ornements de ses vers imagés, n'est autre chose qu'une bonne grosse leçon à l'adresse des jeunes étourdis qui s'avisent de désobéir à papa et à maman. Si bien qu'on y pourrait adjoindre pour *moralité* la triomphante conclusion de la célèbre ronde du *Pont du Nord*, où « un bal est donné » : Adèle veut aller au bal en dépit de sa mère ; elle tombe à l'eau ; elle se noie, et

Voilà le sort des enfants *obstinés*.

Mais passons.

Voyez combien semble fier le *sorbier*. C'est que sans doute il se souvient d'avoir été lui aussi en grand honneur au temps des druides; et il peut, même aujourd'hui, alléguer un reste de vénération chez certains peuples du Nord où les vieilles traditions celtiques se réfugièrent, quand les croyances modernes gagnèrent les régions méridionales. En Écosse, on trouve encore dans les montagnes, où le rite druidique s'est conservé le plus tard, de grands cercles de pierres qu'ombragent de vieux sorbiers. Au premier jour de mai, d'ailleurs, les paysans écossais ne manquent jamais de faire passer une à une toutes les bêtes de leurs troupeaux dans un cerceau de sorbier, convaincus qu'ils les garantiront ainsi des maléfices et des accidents; et nos voisins les Suisses, sans savoir assurément s'expliquer la signification de cet usage, ont gardé la coutume de

Ajoutons même, à l'appui de notre première observation, que le mûrier connu des anciens dut son nom, tiré du grec *morea*, à la couleur de son fruit.

répandre les fruits du sorbier sur la tombe des personnes qu'ils regrettent.

Voici le *figuier*, et avec lui combien de souvenirs !...

« Or, le matin, comme Jésus retournait à Jérusalem, il eut faim.

« Et voyant un figuier qui était sur le chemin, il s'en approcha, mais il n'y trouva que des feuilles, et il dit au figuier :

« — Qu'aucun fruit ne naisse plus de toi jamais. »

« Et incontinent le figuier se dessécha.

« Ce qu'ayant vu, les disciples furent étonnés :

« — Comment donc le figuier s'est-il desséché en « un instant? » dirent-ils.

« Et Jésus répondit :

« — En vérité, je vous le dis, que si vous avez la « foi, et que vous ne doutiez point, non seulement « vous ferez ce qui a été fait au figuier; mais même « si vous dites à cette montagne : Quitte ta place et « te jette dans la mer, cela se fera. Et quoi que « vous demandiez en priant Dieu, si vous croyez, « vous le recevrez. »

C'est ainsi que le Sauveur du monde se servit du figuier pour démontrer à ses disciples la puissance de la foi.

Après le figuier maudit du livre saint, citons le figuier sacré de la vieille Rome profane.

Ce figuier, qu'on avait le soin de renouveler quand on le voyait dépérir, était entretenu et vénéré en mémoire de celui sous lequel Acca Laurentia, nourrice de Romulus et de Rémus, trouva les deux frères allaités par la louve.

Sous ce figuier, planté au milieu du forum, se faisaient les cérémonies et conjurations qui avaient pour but d'éloigner la foudre. C'était là aussi que s'effectuaient les élections des magistrats.

Un autre figuier, que l'on tint aussitôt pour sacré à l'égal du premier, poussa de lui-même à la place où s'était ouvert le gouffre qui ne put être comblé qu'après que l'illustre Curtius s'y fut précipité, en se dévouant pour le salut de la république.

Les figues de la Grèce étaient fort renommées. Les Athéniens notamment en faisaient un commerce très considérable. On les portait jusqu'en Perse, où elles paraissaient avec honneur sur la table des rois. Quelques historiens ont même voulu prétendre que la fameuse guerre de Xerxès contre les Grecs eut pour principal motif le désir de posséder un pays qui produisait des fruits si délicieux. Les figues de l'Attique ont-elles à se justifier d'une aussi malencontreuse influence? Il serait aujourd'hui bien difficile de nous prononcer sur ce point; mais, si nous voulons savoir ce qu'a pu *une* figue d'Afrique, retournons à Rome, entrons au sénat un jour de l'an 150 avant Jésus-Christ; asseyons-nous parmi les pères conscrits, et attendons.

Un vieillard vénérable a pénétré, un peu après nous, au sein de la noble assemblée; il gagne à pas lents sa chaise curule, relevant à demi le pan de sa robe, comme pour cacher un objet que tient l'une de ses mains; il s'accoude, et le front plissé, le regard sombre, il paraît chercher à saisir le fil de la discussion ouverte en ce moment. Quand il y est parvenu, il laisse voir une assez grande indifférence par sa manière d'écouter. Il s'agit, en effet, d'une méchante question d'administration intérieure, qui d'ailleurs ne donne pas lieu à de longs débats. La délibération est close; on recueille les voix.

A l'appel de leur nom, les sénateurs opinent les uns après les autres à haute voix :

« Je suis d'avis que cette mesure soit prise, répondent ceux-ci.

— Qu'elle ne soit pas prise, » répondent ceux-là.

Et ils se rassoient après ces simples paroles. Mais au nom de Marcus Caton, notre soucieux vieillard se lève :

« Je suis d'avis, dit-il, que cette mesure soit prise. »

Puis il ajoute d'une voix qui vibre amère et profonde :

« Et je suis d'avis aussi que Carthage soit détruite ! »

Et l'appel continue sans nouvel incident jusqu'au nom de Publius Scipion, qui, après avoir donné son opinion sur la question pendante, ajoute :

« Et je suis d'avis aussi qu'on laisse subsister Carthage. »

Or il nous semble singulier non seulement que ces deux patriciens soulèvent ainsi, sans y être invités, une question étrangère à celle qui fait l'objet de la délibération; mais encore que les membres de l'imposante réunion ne semblent nullement prendre garde à cette étrange manière d'agir; car tout au plus avons-nous vu, çà et là, au moment de ces intempestives déclarations, l'ombre d'un sourire effleurer quelques lèvres. Un des plus jeunes sénateurs se penche vers nous, et souriant alors assez ostensiblement :

« C'est, nous dit-il, que Marcus Caton et Publius Scipion font ainsi depuis longtemps. Caton a commencé; il croit qu'il est dangereux pour un peuple que sa grande puissance porte à tous les excès, d'avoir pour perpétuelle menace l'existence d'une rivale, de tout temps très forte, mais devenue plus sage par les malheurs qu'elle a éprouvés. Selon lui donc, il faut ôter à Rome toute crainte extérieure, pour qu'elle puisse se préoccuper essentiellement de sa prospérité intérieure. C'est pourquoi il fait suivre chacun de ses votes au sénat des paroles que vous avez entendues. Par contre, Scipion pense que la crainte qu'inspire Carthage aux Romains doit rester pour ceux-ci comme un frein mis à leur audace. Selon lui, Carthage est trop faible pour assujettir Rome, mais trop puissante pour être méprisée [1]; et depuis que Caton s'est avisé de jeter à tout propos son opiniâtre et monotone appel à la ruine de Carthage, Scipion ne cesse de lui faire la même réplique. Nous y sommes presque accoutumés.

« Ah! fort bien! »

Les délibérations du sénat continuent, et quand vient un autre vote, chacun des deux contradicteurs répète encore sa formule habituelle. Mais enfin, interrompant un débat oiseux, Caton se lève, et avec une mâle véhémence :

« C'est de Carthage qu'il faut parler, dit-il; là est la grande, la seule, l'importante question. Les guerres que cette perfide cité a soutenues contre les Romains l'ont plutôt fortifiée qu'affaiblie; et celle qu'elle fait actuellement aux Numides, ses voisins, n'est que le prélude des entreprises qu'elle médite contre Rome. Tous les traités de paix conclus avec elle n'ont rien de durable, rien de sacré à ses yeux; elle ne les considère que comme un moyen d'attendre l'occasion favorable pour nous attaquer [2]. »

[1] Plutarque, *Vie de Caton.*

[2] *Id., ibid.*

Le farouche orateur s'interrompt, car c'est à peine si on l'écoute. Soudain, étendant devant lui la main qu'il a jusqu'alors tenue cachée sous sa robe, et dans laquelle est posée une figue magnifique :

« Voyez, pères conscrits, voyez.

— Oh! le beau fruit! s'écrient en chœur les sénateurs, qui sont comme ravis en extase.

— Oui, n'est-ce pas? voilà un beau fruit, reprend Caton; vous en admirez surtout la fraîcheur, car on dirait qu'il vient d'être cueilli; c'est qu'en effet, il y a trois jours, ce fruit était encore sur l'arbre, à Carthage; tant il est près de nous, tant il a peu de distance à franchir pour venir nous défier, cet odieux ennemi que depuis longtemps je dénonce à votre sagesse. Que Carthage soit détruite! il le faut: le salut de la république l'exige. Que Carthage soit détruite! »

Et le vieux patricien se tait. Mais ses paroles ont jeté un trouble indicible dans l'austère assistance. Scipion lui-même ne trouve rien à dire. L'avis implacable de Caton est tout à coup devenu l'avis unanime du sénat :

« Que Carthage soit détruite! » répète-t-on de toute part.

La troisième guerre punique est décidée, décrétée, qui doit se terminer par la ruine de la fière cité africaine.

« Ainsi ce que n'avaient pu ni le souvenir de Trasimène, de la Trébie et de Cannes, ni Annibal poussant ses escadrons jusqu'aux portes de Rome, une seule figue l'opéra. Un fruit montré par Caton a prouvé que Carthage est trop près de Rome[1]. »

[1] Pline.

Et si vous vous étonnez que la seule vue d'un fruit assez peu apprécié chez nous ait eu le pouvoir de captiver à ce point l'attention d'une magistrale assemblée, je vous dirai que pour les anciens la figue était le fruit par excellence, le fruit en quelque sorte céleste. Il n'est aucun de leurs auteurs, de leurs philosophes qui n'en ait fait l'éloge. Hérodote, Théophraste, Plutarque, Galien, l'ont célébrée à l'envi. Platon, le divin Platon, aimait à s'entendre appeler *mangeur de figues*. On cite un certain Albinus. de Rome, qui, dans une matinée, en dévora *cinq cents*.

Démocrite en était plus délicatement friand.

Un jour qu'à son repas il venait de manger une figue à laquelle il avait trouvé le goût et le parfum du miel :

« D'où vient cette figue? demanda-t-il à la femme qui le servait. Où l'a-t-on cueillie?

— Dans le verger de notre voisin Antiphas.

— Mène-moi vite à ce verger. »

Et voilà notre homme qui déjà gagne le seuil.

« Eh! mon maître, qu'est-ce qui vous prend de courir ainsi? demande à son tour la servante; qu'irez-vous faire parmi ces arbres?

— Quand j'aurai vu le lieu qui a produit cette figue, je m'efforcerai de trouver, par mes raisonnements, par mes déductions, comment il s'est pu faire qu'elle eût cette douceur et cet arome.

— Quoi! n'est-ce que cela? En ce cas, restez tranquillement auprès de votre table. Vous n'avez que faire d'aller voir là-bas. Il vous suffira, je pense, d'apprendre que j'avais tout bonnement posé cette figue, par mégarde, dans un vase ayant contenu du miel. »

Alors le philosophe, au comble du dépit :

« Ah ! que tu me peines par cette révélation! »

Et il se rassied consterné. Mais presque aussitôt:

« C'est égal! s'écrie-t-il, mon dessein était trop attrayant pour que j'y renonce. Je vais chercher la cause de ce goût et de cette odeur, comme s'ils venaient de la figue elle-même. »

L'histoire ne dit pas si les investigations du philosophe aboutirent; toujours est-il qu'il devait être un intrépide curieux des causes premières, celui qui, de gaieté de cœur, se proposait de les chercher même là où il savait ne pas devoir les trouver.

La figue nous a laissé une expression qui, à vrai dire, a quelque peu perdu chez nous de son caractère original, et qui même n'est plus qu'assez rarement employée. Nous traitons parfois de *sycophante* (du grec *sucon*, figue, et *phaïnô*, dénoncer) un calomniateur du plus bas étage. Or une fois à Athènes, sans doute à une époque où la récolte des figues n'avait pas été abondante, une loi défendit de les exporter, afin que le pays n'en manquât pas (ce qui prouve une fois de plus le cas qu'on en faisait et le rôle qu'elles jouaient dans la consommation). Et comme il s'est toujours trouvé des gens prêts à transgresser les lois, même les plus sages, on s'avisa d'assigner une prime à celui qui dénoncerait les exportateurs de figues. Savez-vous ce qu'il advint? C'est que, sous prétexte de figues exportées et pour avoir droit à la prime, la délation se mit au service de toutes les animosités, de toutes les cupidités... La république fut bientôt peuplée de *dénonceurs de figues* ou sycophantes. Et les sycophantes ayant depuis survécu, il a bien fallu conserver le nom, afin de pouvoir, d'époque en époque, les désigner, les flétrir.

Nous arrêterons-nous longtemps auprès du *laurier?* Oh! non, car sa vieille célébrité est de celles dont nul n'ignore les titres. Arbre favori de Phœbus Apollon, symbole de triomphe, tous les poètes l'ont chanté, tous les fronts antiques l'ont envié.

Il ornait les autels du frère des Muses et le trépied de la Pythie qui rendait les oracles. Il était aux mains des généraux qui rentraient victorieux à Rome. Les faisceaux consulaires en étaient ordinairement chargés. Pline l'appelle le *gardien des Césars,* parce qu'on le plantait aux portes des palais impériaux, en vertu de cette croyance qu'il n'était jamais frappé du tonnerre.

Corneille, — ce Romain ressuscité, — fait dire au vieil Horace, quand il plaide pour son fils :

> Lauriers, sacrés rameaux, qu'on veut réduire en poudre,
> Vous qui mettez la tête à couvert de la foudre,
> L'abandonnerez-vous à l'infâme couteau?...

Et l'on sait que l'odieux Tibère se couronnait de lauriers aussitôt que le ciel était orageux.

Les feuilles du laurier fournissaient encore aux dévots superstitieux un moyen d'interroger le sort. Si, jetées au feu, elles crépitaient vivement, c'était d'un bon augure. Pour avoir des songes heureux, on les plaçait sous l'oreiller... Que sais-je?

Et d'ailleurs, longtemps même après que furent renversés les autels d'Apollon, le laurier resta le glorieux signe du succès. Dans les écoles du moyen âge, quand un jeune homme avait publiquement fait preuve de savoir devant les maîtres, on lui posait sur la tête une couronne faite d'une branche de laurier, à laquelle devaient adhérer les fruits ou *baies* de l'arbre, et il recevait par cela même le titre de *bachelier* (*baccæ*, baie, *laureæ*, de laurier).

Le temps n'est pas loin où tant abusèrent nos couplétiers des *lauriers*, de la *victoire*, pour en faire hommage aux *guerriers* couverts de *gloire*, que nul poète qui se respecte aujourd'hui n'oserait demander une rime, voire même une métaphore, à l'arbre du dieu des vers. Et maintenant, comme l'a remarqué tristement un docteur bel esprit, le laurier noble, le laurier d'Apollon, n'est plus connu que sous le nom de *laurier sauce*. Si vous visitez les magasins de comestibles, vous verrez les jambons de Bayonne et de Westphalie couronnés de lauriers.

Hélas! que sont devenues les couronnes de Miltiade et de Sophocle?

Enfin!!! — Traduction libre: *Sic transit gloria mundi.*

De quoi nous parlera le *pommier?*

— Sans doute du paradis terrestre et de la fatale désobéissance de nos premiers parents, car nous savons tous qu'une pomme...

— Erreur, grave erreur. Si générale que soit cette opinion, elle doit être vivement démentie, attendu que notre pommier est un arbre d'origine tout occidentale, et qui, même aujourd'hui, n'est pas encore naturalisé dans les contrées où la tradition place le délicieux Éden de la Bible. Du reste, l'Écriture sainte n'indique pas que l'arbre en question fût un pommier. C'est évidemment au compte de l'oranger, d'autres disent même du figuier, qu'il faut porter le grave incident où l'on fait vulgairement figurer le pommier. Celui-là, d'ailleurs, ne se plaît qu'en des régions où les chaleurs de l'été alternent avec quelques rigueurs hivernales. Dans les îles de l'archipel grec, par exemple, où le ciel est toujours pur et clément, c'est à peine si quelques chétifs petits pommiers précoces, d'une espèce toute particulière, végètent dans les vallons ombragés. Avares de fruits, ils les ont déjà mûris à la Saint-Jean. Alors viennent les jeunes filles qui cueillent ces rares pommelettes, et qui, avec un fil de soie verte, couleur d'espérance, en font une ceinture qu'elles portent toute la journée. En la quittant, le soir, elles l'ornent de rubans et de fleurs, et elles gravent sur les fruits qui la composent leurs noms et certaines figures symboliques. Puis elles gardent précieusement cette ceinture, qu'elles vont visiter chaque jour. Or, si les pommes se flétrissent, se rident promptement, elles prédisent à la pauvre fille à qui elles appartiennent qu'elle vieillira sans époux. Si, au contraire, elles restent fraîches, c'est l'augure d'une prochaine et heureuse union. »

Et voilà ce que nous dit le pommier, qui nous en conterait bien d'autres, surtout en tant que père du cidre, si son voisin, le *cerisier*, ne prenait d'autorité la parole.

« Moi, dit-il, j'eus l'honneur d'être rapporté des rives du Pont-Euxin par le grand Lucullus, vainqueur du grand Mithridate. Cérasonte est ma patrie, d'où le nom de *cerasus* que les Romains me donnèrent; et mes fruits semblèrent si délicieux à ces maîtres du monde, qui s'y connaissaient, qu'en moins d'un siècle ma culture se propagea jusqu'aux dernières limites occidentales de leur empire.

— Mon Dieu! cerisier, n'avez-vous rien autre à nous apprendre? Le dernier élève de sixième nous en eût dit autant. Votre vieille renommée est archiclassique.

— Eh bien, sortons des classes, et voyons pourquoi certaine ville de Bohême célébrait encore au siècle dernier la fête dite *des cerises*.

— Oui, voyons cela.

— C'était en 1432. Il y avait alors une quinzaine d'années que les Pères du concile de Constance avaient éteint dans les flammes du bûcher la voix fort discordante du célèbre Jean Huss. La mort du grand hérésiarque avait allumé entre ses nombreux et enthousiastes disciples et l'empereur Sigismond, tenant pour l'Église, cette ardente guerre des hussites qui longtemps mit à feu et à sang une partie de l'Allemagne. D'abord conduits par Jean Zisca (celui qui en mourant ordonna qu'on fît de sa peau un tambour dont le son lugubre exciterait ses partisans contre leurs ennemis), les hussites avaient ensuite pris pour chef le non moins fougueux Procope, qui, à la tête de ses troupes d'abord invariablement victorieuses, allait portant en tout lieu l'effroi et la désolation. Malheur aux bourgs, aux cités qui, refusant d'embrasser ou de reconnaître la loi nouvelle, s'avisaient de faire résistance! Le fer avait impitoyablement raison des habitants, et la flamme de leurs demeures.

Donc, en l'été de cette année 1432 et au cœur de cette belle province de Bohême que les hussites ravageaient, il arriva que le farouche Procope vint mettre le siège devant une ville qui ferma ses portes, arma ses citoyens et opposa aux troupes du sectaire une héroïque défense; si bien que le redoutable chef jura qu'aucun sacrifice de temps ni de sang ne lui coûterait pour se rendre maître de la ville, et que le jour où il l'aurait prise, il ferait des rebelles qu'elle renfermait le plus cruel exemple.

Le voilà qui installe ses nombreux et vigilants soldats autour des remparts, fermement résolu à réduire par la famine ceux qu'il ne croit pouvoir vaincre par la force.

Le siège ou plutôt le blocus tire en longueur, irritant de plus en plus le chef des hussites, qui chaque jour profère de plus sérieuses menaces contre les assiégés.

Et pour tuer le temps, pendant que tout manque, pendant qu'on meurt d'inanition dans la malheureuse cité, on ne laisse pas de faire bonne et grasse chère dans le camp des sectaires.

Un jour enfin, les habitants, déjà décimés par les privations et les maux qui en résultent, se décident à demander quartier : ils proposent de se rendre à d'honorables conditions; mais Procope leur fait dire qu'ils n'ont aucune grâce à attendre de lui; ils ne doivent songer qu'à se rendre pour qu'il soit fait d'eux ce que bon semblera au vainqueur, qui d'ailleurs s'est juré à lui-même de les châtier avec la dernière rigueur, et qui est plus que jamais décidé à se tenir parole.

Et comme, le lendemain, une seconde députation sort de la ville pour implorer de nouveau sa miséricorde, Procope refuse formellement de l'entendre. Ce qu'il a dit est bien dit, rien ne saurait modifier sa détermination.

Les infortunés citadins s'en retournent donc convaincus qu'il ne leur reste plus que le choix entre la lente et déchirante agonie que la faim leur réserve derrière les murailles, et le supplice certainement affreux auquel un implacable ennemi les destine.

Or voilà que le troisième jour, alors que le chef hussite et ses principaux lieutenants, assis à la

Procope et les enfants.

même table, se disposent, pour clore un copieux repas, à faire honneur à deux magnifiques corbeilles de cerises qui sont posées devant eux, des sentinelles entrent dans la tente et annoncent à Procope qu'elles ont aperçu sortir par une des portes de la ville une longue forme noire et blanche, qui paraît marcher sur plusieurs pieds et qui s'avance de ce côté.

« Il faut voir, » dit le chef, qui se lève, ainsi que ses seconds.

La portière écartée, tous regardent, tous cherchent à deviner la nature de l'étrange *forme* qui suit le chemin en se dirigeant vers la tente même du redoutable capitaine.

Bientôt on reconnaît que ce qui vient est un large drap mortuaire où la croix blanche ondule dans son lugubre fond noir...

Il avance, le vivant catafalque, il avance. Et quand il n'est plus qu'à quelques pas de la tente sur le seuil de laquelle Procope et les siens se tiennent attentifs, il s'arrête, il s'abaisse à ce point de toucher presque terre, et de dessous la sinistre draperie on entend sortir un ensemble de voix claires, argentées, répétant :

« Grâce! grâce! »

Sur un signe de Procope, des soldats écartent le sombre voile, et alors huit ou dix frais visages d'enfants apparaissent, qu'éclairent, de leur souriant éclat, autant de regards curieux.

Ces pauvrets agenouillés, porteurs du plus solennel message, semblent paisiblement réunis là pour quelque jeu de leur âge. On dirait le sémillant mystère d'une partie de cache-cache.

Le farouche hussite les regarde, les contemple; le

plus profond silence règne autour de lui, car tous ceux de sa troupe paraissent guetter, anxieux, la résolution qu'il va prendre.

Bientôt cependant, mais d'une voix mal assurée :

« Debout, debout! » crie-t-il doucement à la petite légion, qui se relève insoucieuse.

Deux larmes perlent au bord de ses paupières. Gêné, embarrassé par cette émotion qu'il voudrait dissimuler ou vaincre, il se retourne machinalement, cherchant il ne sait quoi derrière lui.

Il voit sur la table encore dressée les corbeilles de cerises, il court, il les prend et, les apportant hors de la tente :

« Tenez, tenez. »

Et, saisissant des poignées de ces beaux fruits rouges, il en emplit lui-même les mains que les enfants ne manquent pas de tendre à qui mieux mieux.

Quand il n'y eut plus rien dans les corbeilles :

« Et maintenant, dit-il en poussant paternellement les enfants vers la ville, allez! Dieu vous garde, petits, Dieu vous garde!... »

Puis, s'adressant aux siens, il ajoute, d'un accent brusque et troublé :

« Qu'on lève le camp, et en route! »

Deux heures plus tard, en effet, il ne restait pas un seul hussite en vue de la ville, qui s'était crue si proche de la ruine, de l'extermination.

Depuis, chaque année à pareil jour, on célébrait dans cette ville une grande fête pendant laquelle les citoyens avaient coutume de s'offrir mutuellement des poignées de cerises, d'où le nom de *fête des cerises*.

— Voulez-vous écouter maintenant la *légende du*

kirsch, ou « comme quoi pour un noyau de cerise, qui se logea dans une de ses dents creuses, le diable faillit perdre la moitié de sa puissance ».

— Nous l'écouterions volontiers; mais, outre qu'il nous semble l'avoir déjà entendu rapporter, nous ne saurions donner toute notre attention et tout notre temps à un seul. Vous devez comprendre que...

— Oh! mon Dieu! à votre aise. Passez votre chemin. Bon voyage!

— Au revoir, cerisier; au revoir!

Le voilà furieux; mais force nous était de lui brûler la politesse, et je crois que nous devrons la brûler à bien d'autres, car il me semble que déjà notre promenade a été d'une longueur... raisonnable. Quelle en serait donc la durée si nous devions nous arrêter auprès de tous les citoyens du monde *ligneux* qui auraient des histoires, des contes à nous dire! Voici par exemple le *lierre*. S'il voulait nous promettre d'être court...

— Je serai court. Jonas avait par ordre du Seigneur crié dans les rues de Ninive : « Encore quarante jours, et Ninive sera détruite. » Frappés de ces terribles menaces, les Ninivites s'humilièrent, jeûnèrent, et Dieu leur pardonna.

Le prophète fut irrité de ce que Dieu n'accomplissait pas la menace que lui, Jonas, avait faite. Il craignait de passer pour un imposteur, et, comme boudant le Seigneur, il se retira sur une montagne voisine de la ville, où il se fit un abri. Dieu fit croître un lierre, qui grimpa sur cet abri et défendit mieux Jonas des ardeurs du soleil. Jonas avait vu avec la plus grande joie ce lierre s'élever; mais, la nuit d'ensuite, Dieu fit naître un ver qui piqua le lierre, et le lierre sécha. Jonas, se trouvant le lendemain incommodé du soleil, eut un regret si vif de n'être plus ombragé par le lierre, qu'il souhaita la mort.

Alors le Seigneur :

« Quoi! lui dit-il, tu t'affliges à un tel point de la perte d'un lierre qui n'est pas ton ouvrage, qui ne t'a coûté ni peine ni soins, qu'une nuit a vu naître et une autre nuit périr, et tu ne veux pas que j'aie pitié de Ninive, cette grande cité où il y a plus de cent vingt mille innocents, qui ne savent pas la différence qu'il y a entre leur main droite et leur main gauche? »

Et Jonas adora le Seigneur de miséricorde...

Je vous apprendrai maintenant comme quoi, dans les festins antiques, mon feuillage couronnait le front des convives qui voulaient se prémunir contre les fumées de Bacchus, et comment...

— Pardon, seigneur lierre, nous sommes pressés... Vous voyez, il devait être court. Aussi ne nous laissons plus arrêter. Évitons le *noyer*, car il voudrait certainement nous réciter la charmante élégie dont Ovide l'a fait le héros éloquent. Il nous rappellerait le rôle effectif et symbolique de ses fruits aux grands jours d'Athènes et de Rome. Il nous montrerait, par l'organe du fabuliste Phèdre, le sage Ésope jouant avec les petits enfants, qui alors se servaient des noix comme chez nous ils se servent des billes; et nous saurions que son apologue eut pour but de justifier le *divin* Auguste, à qui Suétone prête un semblable passe-temps. Il nous dirait ensuite comme quoi, et en vertu même de ce jeu enfantin, dans les cérémonies nuptiales, les jeunes époux avaient coutume de jeter des noix sur leur passage pour indiquer qu'ils renonçaient dès lors aux distractions puériles. Peut-être aurait-il l'indiscrétion de nous apprendre que les coquettes grecques et romaines se servaient du brou de noix pour tâcher

De réparer des ans l'irréparable outrage,

en lui demandant de ramener au noir les cheveux que le temps s'avisait d'argenter... Et bien d'autres choses encore.

Là-haut plane le *tilleul ;* il nous rappellerait la touchante métamorphose en laquelle le bonhomme la Fontaine a trouvé le thème d'un chef-d'œuvre :

Baucis devient tilleul, Philémon devient chêne.

Mais vous savez cela par cœur.

Puis, quittant les jours antiques et nous transportant en plein moyen âge, cet arbre vénérable nous raconterait en détail quelques scènes du terrible tribunal wehmique, cette mystérieuse institution qui perd beaucoup de son odieux caractère quand on considère qu'au milieu de l'anarchie sociale alors régnante elle fut un puissant instrument d'ordre et de sécurité. La principale réunion des francs-juges tenait, en effet, ses séances sous un *tilleul,* devant la porte du château de Dortmund (sur l'Ems).

Le *buis,* qui, au temps de Virgile comme au nôtre, servait à tourner des flûtes pour les musiciens et des toupies pour les enfants, le buis voudrait nous parler longuement de maître Claude Mollet, le célèbre horticulteur à qui il doit d'être généralement aujourd'hui employé pour bordure. Il nous rappellerait certainement le mot si connu du roi vert-galant à son jardinier qui se plaignait devant lui que certains végétaux qu'il avait transplantés étaient d'une reprise difficile

« Eh! ventre-saint-gris! s'écria le Béarnais, que ne plantes-tu des Gascons? ils prennent partout. »

Le *myrte* nous attend qui voudrait nous dire sa mythologique importance. A la vérité, nous trouverons qu'il a droit d'être quelque peu fier, puisque Vénus en fut couronnée après le célèbre jugement rendu en sa faveur par le berger Pâris; puisqu'en l'honneur de la belle déesse il circula de main en main à la fin des repas, comme une invitation à dire de tendres refrains, et puisqu'une des trois Grâces en porte toujours un bouquet. Il ne manquerait pas de nous apprendre aussi que son bois servit au dieu Faunus à rosser, jusqu'à ce que mort s'ensuivît, sa chère moitié, qu'il avait surprise un peu avinée, et que les dames romaines honorèrent ensuite mystérieusement sous le nom de *bonne Déesse?*

Que ne nous dirait pas le *cyprès*, qui a pour origine la poétique mort d'un cerf? — Et l'*olivier*, cette si utile création de la sage Minerve? Et le *cognassier*, que les anciens regardaient comme l'emblème du bonheur et de l'amour, et dont les fruits ornaient les salles où les rois recevaient à leur lever? — Et le *cèdre*, de biblique mémoire, qui fut cause que l'empereur Adrien songea à détruire Jérusalem? — Et le *grenadier*, dont une graine empêcha Orphée de ramener Eurydice au séjour des humains, et dont le fruit était symboliquement attaché aux habits et à la coiffure du grand prêtre hébreu? — Et le *platane*, que les Romains estimaient au point de l'arroser avec du vin pur, ce qui fait dire à Pline que ses contemporains, non contents de s'enivrer eux-mêmes, voulaient instruire les arbres à les imiter? Que serait-ce si nous prêtions l'oreille aux récits que pourrait nous faire la *vigne*, « la vieille mère du vin, » pour peu qu'elle feuilletât seulement ses annales, du jour où l'une de ses grappes fit si malencontreusement passer de vie à trépas le joyeux vieillard de Téos[1], jusqu'au jour où le pape Étienne II, de pieuse souvenance, convaincu que tout vin vendu doit être plus ou moins mélangé d'eau par le marchand, permit en conséquence d'administrer le baptême avec du vin! — La *clématite,* surnommée *herbe aux gueux,* parce que les mendiants l'employaient à se créer des plaies superficielles, nous conduirait dans la cour des Miracles. — L'*orme* séculaire, qui décore tant de places de village et qui aurait, par cela même, tant de vieilles confidences à nous faire, nous dirait encore comme quoi un de ses arbres abattu, causa une sanglante collision entre Anglais et Français. Si nous quittions l'Occident, quelles magnifiques racontances nous offriraient les *palmiers,* que Linné appelle les *princes du règne végétal;* les *baobabs*; ces figuiers aux racines aériennes dont un seul forme une forêt! Le *muscadier,* pour lequel tant de fois dans les Indes s'armèrent les Hollandais. Le *thé*, dont nous abreuvent dispendieusement les Chinois, pendant qu'ils se délectent avec l'infusion de notre sauge commune, et dont les feuilles ne seraient autre chose que les paupières qu'un pieux solitaire s'était coupées, afin de ne plus succomber au sommeil. Le *caféier,* dont les salutaires et agréables propriétés furent découvertes selon les uns par des chèvres, selon les autres par des chameaux. Le *quinquina...*

[1] Le poète Anacréon, qui mourut, dit-on, suffoqué par un grain de raisin arrêté dans sa gorge, ou plutôt entré dans les voies respiratoires.

— Mais nous n'en finirions pas; dussions-nous même ne demander aucune de leurs curieuses histoires aux arbres imaginaires.

— Imaginaires, dites-vous?

— Oui, et ceux-là sont, ou plutôt furent nombreux. Tenez; j'ouvre seulement Plutarque, au livre *des noms des fleuves et des montagnes et des choses remarquables qui s'y trouvent,* et je lis :

« Sur les bords de l'Araxe, fleuve d'Arménie, on voit une espèce d'arbre qui ressemble au grenadier; si on cueille un de ces fruits lorsqu'il a atteint une trop grande maturité, et qu'on prononce en même temps le nom du dieu Mars, aussitôt le fruit redevient vert.

« Sur le mont Coccygius croît un arbre nommé *palinure.* Le coucou est le seul oiseau qui puisse s'y poser sans y rester attaché comme avec de la glu.

« Sur les bords du Tanaïs, en Scythie, croît un arbrisseau que les barbares nomment *phryxa,* c'est-à-dire *qui hait les méchants.* Les enfants d'un premier lit qui en portent sur eux, n'ont rien à craindre de leurs belles-mères. »

Ces quelques citations doivent suffire, je pense, à vous démontrer les singulières illusions que sait se créer l'esprit humain. Mais peut-être voudrez-vous mettre au compte de la seule antiquité toutes ces naïves chimères. En ce cas, voyez; voici un livre, daté de 1605, qui est signé d'un président au parlement de Bourbonnais et dédié, ma foi, au grave Sully. Ce livre a pour titre : *Histoire admirable des plantes et herbes esmerveillables et miraculeuses en nature.* Feuilletez-le; vous y verrez, entre autres images que commente un texte très sérieux, très hérissé de citations polyglottes, le portrait de l'*arbre qui porte, au lieu de moelle, du fer, et du fruit qui mange le fer* (fruit dans lequel vous seriez quelque peu surpris de reconnaître... devinez? Non, vous ne devineriez pas : l'*ananas*, le délicat, le délicieux ananas); puis le portrait de l'*herbe qui annonce la mort ou la vie aux malades*, selon qu'elle se flétrit ou reste fraîche dans la main de ceux-ci; puis le portrait de l'*herbe vergogneuse* (c'est évidemment la sensitive). Le portrait du *maus* ou *muse*, autrement dit, *arbre de vie du paradis terrestre*, qui ne ressemble guère à un pommier, je vous assure. Enfin le *portraict de l'arbre lequel estant pourry produit des vers, puis des canards vivans et volans*, et aussi le *portraict de certains arbres, les fruits desquels tombés dans les eaux se changent en poissons et les fruits tombés sur terre se transforment en oiseaux volans*, etc. Vous y lirez ces vers de du Bartas, le poète alors si renommé :

... Dans les glaceuses campagnes,
Vous voyez des oysons qu'on appelle gravagnes,
Qui sont fils (comme on dit) de certains arbrisseaux,
Qui leur feuille féconde animent dans les eaux.
Ainsi le vieil fragment d'une barque se change
En des canards volans : ô changement estrange!
Même corps fut jadis arbre verd, puis vaisseau,
Naguère champignon et maintenant oiseau.

— Mais, direz-vous, il y a plus de deux siècles et demi que cela s'imprimait, se lisait, se croyait...

— Attendez, voici un autre livre qui, imprimé ou plutôt réimprimé par un comité de savants, en 1780, s'intitule : *Traité de l'origine des macreuses*, et qui s'attache essentiellement à détruire l'opinion, alors presque universellement reçue, que les *macreuses* (sorte de canards de mer qui nous viennent par

Portraict de l'arbre qui porte des fruits, lesquels tombés sur terre se tournent (changent) en oiseaux volans, et ceux qui tombent dans les eaux se muent en poissons.

Portraict de l'arbre, lequel estant pourry produit des vers, puis des canards vivans et volans.

grandes troupes des contrées hyperboréennes) naissaient de coquillages engendrés par les débris de navires, ou sortaient des fruits de certains arbres à leur chute dans l'eau[1].

— Mais, encore y a-t-il quatre-vingts ans de cela.

— Fort bien. Apprenez donc que le premier conchyliologue venu saura aujourd'hui vous faire connaître une petite coquille marine qui s'attache de prédilection aux vieilles pièces de bois, aux épaves de navires, et qui s'appelle du nom significatif d'*anatife* (ou *anatifère,* des deux mots latins *anas*, canard, et *fero*, je porte). J'ajouterai qu'un jour de l'été passé, un de mes amis se promenant sur le bord de la mer et ayant par hasard ramassé quelques-unes de ces espèces de mollusques, un pêcheur l'accosta qui, de la meilleure foi du monde :

— Savez-vous ce que vous tenez là, Monsieur? demanda-t-il.

— Non, répliqua le promeneur, qui le savait fort bien. Qu'est-ce donc?

— De la *graine* de canards, Monsieur, de la graine de canards.

— Ah bah!

Et le pêcheur, après avoir branlé la tête d'un air

[1] Peut-être est-il juste de noter pour expliquer, sinon pour justifier la vieille erreur relative à la formation des macreuses, que ces oiseaux, par une sorte d'anomalie, s'en vont nicher dans les régions les plus froides du globe, et que par conséquent, au temps où les voyages ne s'effectuaient pas avec la même facilité qu'aujourd'hui, on avait été peu à même de rencontrer leurs nids. Ajoutons que les macreuses plongeant souvent pour aller chercher sur les rochers ou les vieux bois immergés les coquillages qui s'y attachent, on a pu croire en les voyant ressortir que ces coquillages mêmes leur donnaient naissance.

fort suffisant, s'éloigna en se rengorgeant, convaincu d'avoir bien étonné le monsieur.

Ah! vous croyiez, vous, que les pittoresques traditions se perdaient ainsi! Oh! que non pas! Et vraiment ne serait-ce point dommage pour beaucoup de ces innocentes rêveries, qui nous emportent un peu hors de la sphère par trop réelle où nous vivons aujourd'hui?

Pour ma part, je l'avoue, en dépit de tel ou tel qui ne sait jurer que par le *vrai*, j'aime les légendes, ces vieux monuments qu'élevèrent parfois très lentement un ensemble d'imaginations puissantes dans leur ingénuité; je déplore de ne plus croire sans réserve à l'arbre qui hait les méchants, à l'arbre dont le fruit mange le fer, à l'arbre dans les branches duquel le coucou seul a sa franchise d'allure, voire même à l'arbre aux canards... Aux canards, dis-je, et quand je songe à la nouvelle et fantaisiste acception que notre siècle a prêtée au nom de ces palmipèdes, je me demande si la vieille légende des macreuses engendrées par de certains... coquillages n'est pour rien dans l'origine, — d'ailleurs très débattue, — de cette appellation.

Simple question que je me pose, en laissant, — bien entendu, — à d'autres le soin de la résoudre.

FIN

TABLE

Comment on devient botaniste 7
Un biographe à travers champs. 55
La légende des arbres 109

11978. — Tours, impr. Mame.

BIBLIOTHÈQUE DES FAMILLES

ET DES MAISONS D'ÉDUCATION

SÉRIE IN-12 ILLUSTRÉE

Ouvrages ornés de nombreuses gravures

Au Coin du feu, par M. Alexis Muenier.

Banquet des Centenaires (le), essai sur l'art de vivre longtemps, suivi de : la Croisade des enfants, par E. Muller.

Bluette et Coquelicot, conte instructif pour les enfants, par Maurice Barr; illustrations par Bertall.

Coups de fusil, souvenirs d'un chercheur d'aventures aux États-Unis, par Bénédict-Henry Révoil.

Petit Duc (le), ou Richard Sans-Peur, par l'auteur de l'*Héritier de Redclyffe;* traduit de l'anglais par Mme Charles Deshorties de Beaulieu.

Récits normands, par Mme Julie Lavergne.

Savant a l'école (le), par Mme Julie Lavergne.

Scènes de la vie australienne, imité de l'anglais par Adam de l'Isle.

Science en famille (la), promenades d'un botaniste, par Eugène Muller.

Sport américain (le), chasses excentriques dans l'Amérique du Nord, par Bénédict-Henry Révoil.

Tours, imprimerie Mame.

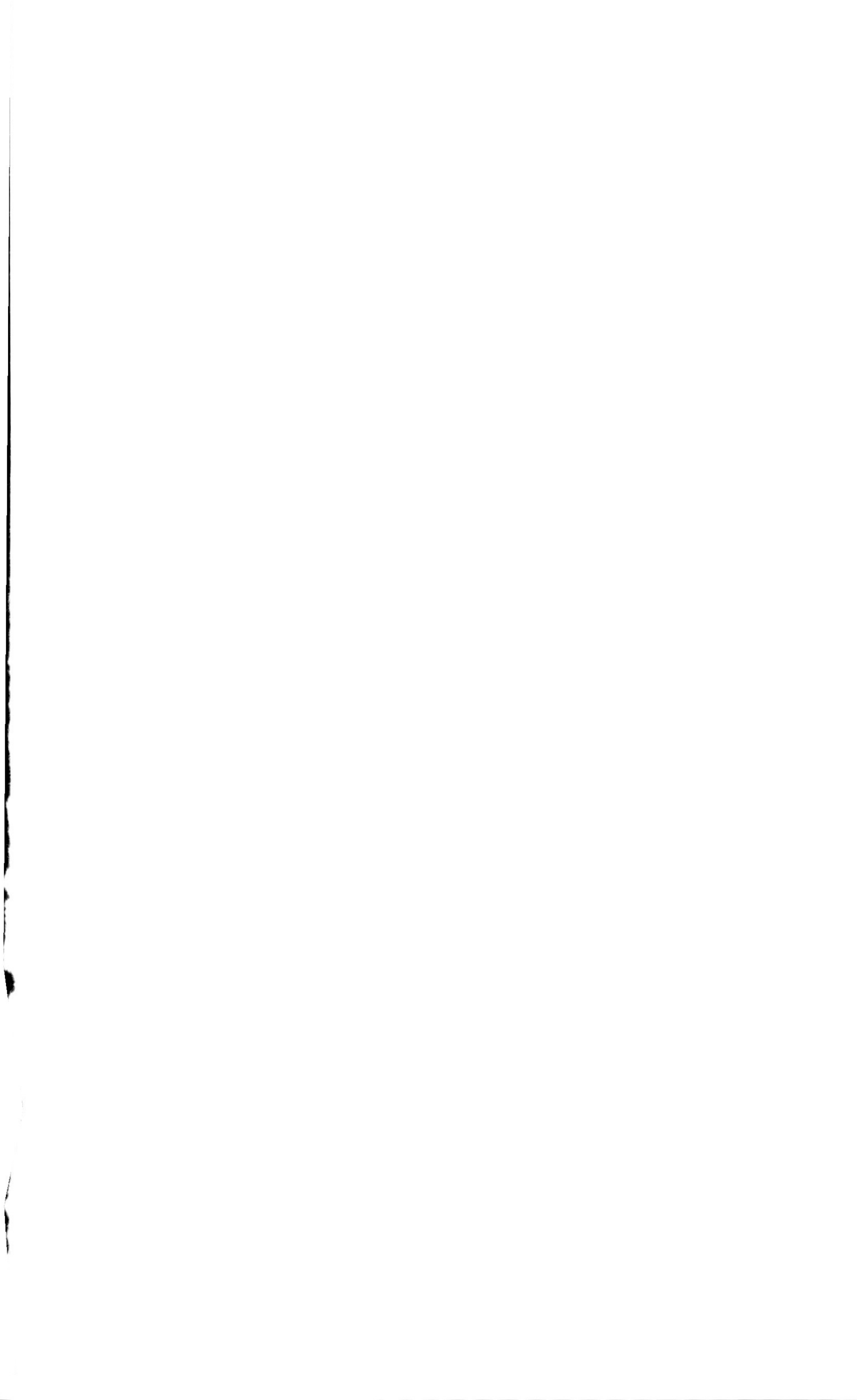

www.ingramcontent.com/pod-product-compliance
Ingram Content Group UK Ltd.
Pitfield, Milton Keynes, MK11 3LW, UK
UKHW021042200726
13857UKWH00003B/773